高等职业教育工程管理类专业“十四五”数字化新形态教材

房地产经纪实务

郑晓俐　主　编
王飞飞　副主编
盛素玲　主　审

中国建筑工业出版社

图书在版编目(CIP)数据

房地产经纪实务 / 郑晓俐主编 ; 王飞飞副主编. -- 北京 : 中国建筑工业出版社, 2024.7

高等职业教育工程管理类专业"十四五"数字化新形态教材

ISBN 978-7-112-29767-2

Ⅰ. ①房… Ⅱ. ①郑… ②王… Ⅲ. ①房地产业一经纪人一高等职业教育一教材 Ⅳ. ①F293.355

中国国家版本馆 CIP 数据核字(2024)第 079058 号

本书按工作手册模式编写，包括房源开拓、客源开拓、房源匹配与带看、税费测算与贷款建议、合同签订与佣金管理、物业交割与售后服务 6 个项目。

每个模块以任务引领教学和实践，在项目开头导入工作任务，明确客户要求、企业要求、工作任务要求与工作标准，通过知识导入、知识准备罗列任务完成所需要具备的知识点。每个项目分解成若干任务，包含任务思考、思想提升、任务实施及任务评价。在掌握知识与技能同时，渗透岗位所需职业道德与职业素养。

本书可作为职业院校房地产及相关专业的教学与实训教材，也可作为经纪公司员工的培训教材，也是从业人员必备的工具型实践参考书和职业提升的实用读本。

为了更好地支持相应课程的教学，我们向采用本书作为教材的教师提供课件，有需要者可与出版社联系。建工书院：http：//edu.cabplink.com，邮箱：jckj@cabp.com.cn，电话：(010)58337285。

* * *

责任编辑：聂 伟 杨 虹
责任校对：张惠雯

高等职业教育工程管理类专业"十四五"数字化新形态教材

房地产经纪实务

郑晓俐 主 编
王飞飞 副主编
盛素玲 主 审

*

中国建筑工业出版社出版、发行（北京海淀三里河路 9 号）
各地新华书店、建筑书店经销
北京红光制版公司制版
北京圣夫亚美印刷有限公司印刷

*

开本：787 毫米×1092 毫米 1/16 印张：8¼ 字数：211 千字
2024 年 8 月第一版 2024 年 8 月第一次印刷
定价：**28.00** 元（赠教师课件）
ISBN 978-7-112-29767-2
(42754)

前　言

从1998年房地产市场改革开始，中国的房地产市场进入高速发展阶段，2000—2020年中国住房市值从23万亿元增加到418万亿元。经过二十多年的发展，随着城镇化进程放缓、人均住房面积和套户比已达较高水平及总和生育率不断下降，中国房地产的大开发周期已经接近尾声，将进入“存量房”时代。房地产经纪在社会经济活动中将发挥越来越重要的作用。

2019年1月，国务院印发《国家职业教育改革实施方案》（以下简称《职教20条》），提出建设一大批校企“双元”合作开发的国家规划教材，倡导使用新型活页式、工作手册式教材并配套开发信息化资源。2019年底，教育部颁布了《职业院校教材管理办法》，标志着我国职业院校教材建设进入了规范化发展的阶段。该办法重点规范了职业院校教材的编写工作，其中提出要“倡导开发活页式、工作手册式新形态教材”。职业教育教材形态的变革应该落在对教材内容及其组织逻辑的变革之上，本书为工作手册式新形态教材。

根据《职教20条》的要求，工作手册式教材应以职业能力为教材主体内容，充分利用企业资源和企业对接岗位，同时还具有新时代职业教材的特点。本书以职业标准、行业规范、企业岗位职责和实际工作流程为教学内容依据，邀请企业合作开发教材，实现校企合作、工学结合教学，使学生在锻炼自己的专业素养的同时感受真实的工作场景和要求。

本书以房地产经纪工作过程为主线，以真实房源为主体，将整个二手房经纪流程分为6个项目，编排依据是该职业特有的工作任务逻辑关系，使工作任务具体化。借助校企合作单位交易资料、资源，让学生在真实的交易环境中，用真实的材料学习房地产经纪工作流程及技巧。

本书由浙江建设职业技术学院郑晓俐牵头编写，在编写过程中，得到了浙江建设职业技术学院应佐萍、王飞飞、赵凤、姚赫男、朱争鸣、徐智、张宸，以及浙江经纬房地产评估有限公司付红梅、浙江旅游职业学院陈涛的支持，还得到了贝壳找房、我爱我家等企业的支持，在此一并表示感谢。限于编者的能力和水平，教材中的错误在所难免，敬请同行、专家和广大读者批评指正，以使教材能日臻完善。

需要说明的是，教材主要案例和政策以杭州市为例，其中涉及的购房资格、贷款资质、税费政策等均系杭州地方政策，且为教材编写时政策，具有一定区域性和时效性，但各个任务操作过程在全国其他城市具备借鉴意义。

目　录

项目1 房源开拓

1.1 工作任务导入

客户要求	客户要卖房，委托经纪人挂房出售。
企业要求	按照客户需求，依据“1+X”新居住数字化经纪服务要求，核实客户资格，完成房屋实勘和商圈调研，对房屋进行估价，向客户建议售价，签订出售委托书，搜集完整房源信息，在线上完成房源发布。
工作任务要求	任务要求：核实客户证件及房产证，确认客户资格，准备资料，约定时间进行房屋实勘和拍摄，签订出售委托书，搜集房源信息和商圈信息，完成商圈调研表格填写，提炼房源卖点，撰写房源信息，线上发布。 任务步骤： （1）核查客户出售资格及房源法律属性 （2）房源实勘和拍摄 （3）签订出售委托书 （4）商圈调研 （5）房屋估价 （6）卖点提炼 （7）房源信息发布 建议学时：10学时 工作任务1 客户资格及房源法律属性核查（1学时） 工作任务2 房源实勘和出售委托（1学时） 工作任务3 商圈调研（2学时） 工作任务4 房屋估价（2学时） 工作任务5 卖点提炼（2学时） 工作任务6 房源信息描述及发布（2学时）
工作标准	“1+X”新居住数字化经纪服务（中级技能） （1）房源信息搜集录入 （2）房源实勘查验与拍摄 （3）房源线上委托与发布推广 对接方式：房源描述实训对接房源发布推广要求。

1.2 小组协作与分工

课前：请同学们根据异质组合原则分组协作完成工作任务，并在下面表格中写出小组同学特长与角色分配。

组名	成员姓名	特长	角色分配

1.3 知识导入

（1）客户进店委托出售房源，是否可以直接签订出售委托书？
（2）接受客户出售委托前，需要核查哪些事项？
（3）房源实地查勘前需要准备哪些资料和工具？
（4）在查勘时，除了搜集基础信息之外，还需要和客户聊一些什么？
（5）售价由客户确定，价格确定过程中，经纪人能做什么？
（6）为提高房源销售速度，可以从哪些方面着手？
（7）一份完整的房源描述包括哪些内容？

1.4 知识准备

1.4.1 客户资格及房源法律属性核查

1.4.1.1 客户资格核查

依据房源产权性质查验相关证件：

（1）独立产权房源：产权人身份证或户口簿、不动产权证书

（2）共有产权房源：共有产权人身份证或户口簿、不动产权证书、结婚证、共有产权人同意出售证明等

1.4.1.2 房源法律属性核查

1. 识别可交易房屋

（1）识别内容

① 房屋用途：住宅和非住宅；

② 房屋性质：商品房、已购公房、经济适用住房、按照经济适用住房管理的房屋等；

③ 房屋土地性质：出让或划拨。

（2）识别办法

① 查看不动产权证书；

② 查看原始购房合同；

③ 在不动产权登记中心查看房屋档案。

2. 禁止交易房屋类型

① 行政查封的违章建筑；

② 公有住房（承租房、公租房、廉租房）；

③ 集体产权房（乡产、军产、校产房）；

④ 签约前被查封的；

⑤ 经济适用住房不满 5 年的；

⑥ 交易房屋涉及诉讼，判决书未下发，法院未出具判决生效书；

⑦ 买卖双方约定不办理权属转移登记，全程采用委托公证方式办理各项房屋买卖手续；

⑧ 动迁安置房消费者个人的房屋产权证书（小产权）不满 3 年的，或房地产开发商

的房地产权证（大产证）和动迁协议均不满3年的。

1.4.2　房屋实勘和出售委托

1.4.2.1　房屋实勘准备工作

1. 预约业主

（1）预约上门时间

（2）提醒准备好身份证、不动产权证等相关证件

2. 物料准备

（1）记录本、笔

（2）手机（安装如视VR）

（3）全景相机

（4）三脚架

（5）手机夹

（6）鞋套、口罩等卫生防疫物品

（7）线上或线下出售委托书

1.4.2.2　房屋实勘

1. 实勘内容

（1）房屋物理属性：坐落、层数、面积、户型、朝向、采光、装修、建筑结构、建成年份、使用状况、物业服务等

（2）房屋法律属性：出租情况，抵押权设立情况等

（3）房屋心理属性：房主出售原因、出售急切度、售价要求、合适看房时间等

2. 实勘成果

（1）房源情况说明表

（2）房源照片（包括所有功能区）

（3）VR视频

（4）《出售房屋委托协议》

1.4.3　商圈调研

1.4.3.1　调研内容

1. 板块

（1）板块价值

（2）板块发展趋势

2. 周边

（1）教育配套：附近民办幼儿园，公办幼儿园、小学、初中

（2）生活配套：菜市场、早餐店、餐馆、水果店等

（3）商业配套：商业综合体、商业街、商场等

（4）交通配套：地铁站、公交站等

（5）医疗配套：医院

3. 小区

（1）开发商

（2）物业管理企业

（3）小区规划
（4）内部配套
（5）景观
（6）停车位
（7）容积率、绿化率
（8）房源所在楼幢在小区中的位置

1.4.3.2 调研成果

（1）板块价值分析报告
（2）商圈调研表
（3）手绘小区规划图

1.4.4 房屋估价

1.4.4.1 房价

1. 二手房房价构成

（1）购房成本，即客户购买房子时所花费的成本
（2）折旧，指的是上一次交易至今房子发生的折旧
（3）装修费，即客户在购买房子后所投入的装修成本
（4）税费，即客户购买房子时所支付的交易税费

2. 二手房房价影响因素

（1）区位，即委托房屋所在位置，主要是指经济地理位置，到各配套设施便利度和通达度等
（2）房龄，即房子建成至今的年份
（3）装修，即客户对房子的装修投入，保养情况
（4）配套，指的是房屋所在小区周边的教育、医疗、生活、交通等配套设施
（5）卖房动机，指的是客户为什么要卖房子？急切度等
（6）税费，指的是待售房屋交易所需缴纳的税费种类及额度

1.4.4.2 房屋估价

1. 房屋估价方法

（1）比较法

将估价房屋与在价值时点近期发生过交易的类似房屋进行比较，将类似房地产进行交易情况修正、交易日期调整和房地产状况调整，来求取待估价房屋的价格。

交易中估价目的是给待售房源确定售价，所以价值时点一般定在即将上市发布的具体日期，或者委托出售的日期。

（2）收益法

收益法是通过预测估价房屋的未来收益，比如租金，将其转换为价值来求取估价房屋价值。收益法有报酬资本化法和直接资本化法两种，一般采用报酬资本化法。

（3）成本法

成本法是通过求取估价房屋在价值时点的重新购建价格，然后扣除折旧来求取房屋的客观合理价格。一般适用于无收益又很少发生交易的房产。

二手房交易以住宅为主，住宅交易量大，通常采用比较法估价。

2. 指导合理定价关键点

（1）考虑价格与佣金的关系

（2）考虑周边价格行情

（3）考虑业主房子情况

1.4.5 卖点提炼

1.4.5.1 卖点

1. 内涵

房源的特点，有吸引力的价值点，是客户可以获得的利益。卖点形成的条件是买卖双方都认可，有助于达成共识、形成交易。

2. 类别

（1）先天卖点：区位卖点，景观卖点

（2）后天卖点：

1）硬件卖点：建筑、景观、内部配套、户型等；

2）软件卖点：开发商、物业服务企业、小区形象、物业运营等；

3）概念卖点：功能概念、产品概念等。

（3）交易成本卖点：房主持有年限及名下房源套数、税费构成、面积对应税率等

1.4.5.2 卖点提炼

1. 卖点提炼顺序

（1）挖掘：按卖点类别分点列清

（2）排序：按对客户吸引力，分清主次

（3）包装：转化成对客户的利益，形成鲜明特征

2. 卖点提炼注意事项

（1）实事求是，不夸大不捏造

（2）不忘初心，为每套房找到合适的主人

（3）敬业守信，为实现居者有其屋而奋斗

1.4.6 房源信息描述及发布

1.4.6.1 房源信息描述

1. 房源信息内容

（1）按表现形式分，文字、数字、图片

① 文字：标题、介绍等；

② 数字：面积、价格等；

③ 图片：区位图、户型图、室内照片等。

（2）按信息类型分，基础信息、交易信息、配套信息、卖点信息

① 基础信息：户型、面积、价格、朝向、楼层、装修、用途、结构等；

② 交易信息：持有年限、房屋用途、交易权属、产权所属、抵押信息等；

③ 配套信息：交通、教育、医疗、生活、休闲等；

④ 卖点信息：核心卖点、推荐理由等。

2. 房源信息描述要求

（1）内容真实、完整，图片清晰

（2）卖点突出，与同小区其他房源形成差异

（3）及时更新，保持房源实效性

（4）标题精炼，突出实效性，能吸引客户眼球

（5）隐私信息特殊处理，避免对客户带来打扰

1.4.6.2 房源信息发布

1. 发布渠道

（1）线上渠道：网站、App、微信、小程序等

（2）线下渠道：门店、驻守、派单等

2. 发布房源常用词语

（1）突出户型：飞机户型、四叶草户型、稀缺户型、户型方正、南北通透、明厨明卫等

（2）突出经济实惠：业主急售、满五唯一、得房率高、送20万元精装修等

（3）突出交通配套：近地铁、×号线××站旁、地铁楼盘、多维度交通等

（4）突出楼层：低楼层、中间楼层、高楼层、视野好等

（5）突出附加价值：带露台、送储藏室、带小花园等

1.5 工作任务实施

1. 工作情境描述

客户王先生孩子就读初中了，想出售目前所住的杭州市A小区的住房，面积87.71m²，两室一厅，楼层7层（总楼层24层），上一次交易时间为2015年12月20日。委托经纪人小李帮忙出售。经纪人小李按规范查验客户与房源证件后，接受委托，并签署《出售房屋委托协议》，完成房源信息搜集，撰写房源描述并发布房源。

房源户型图如图1.1所示。

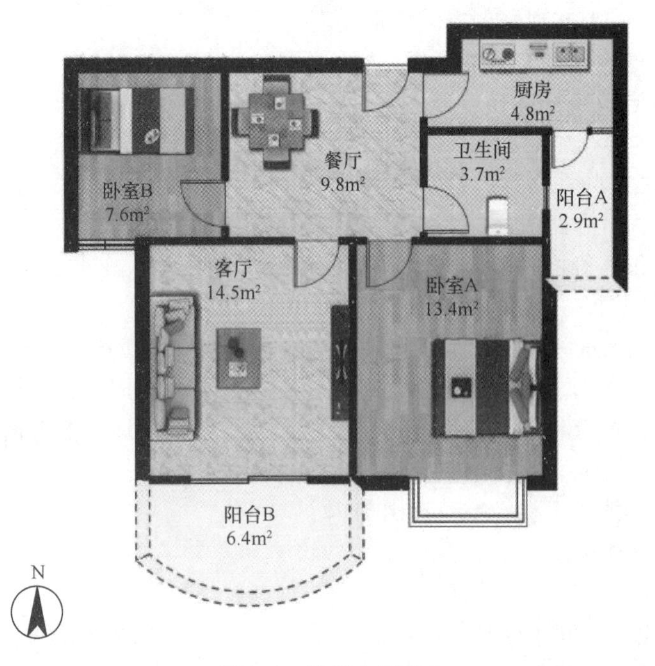

图1.1 房源户型图

房源内部各功能区如图 1.2 所示。

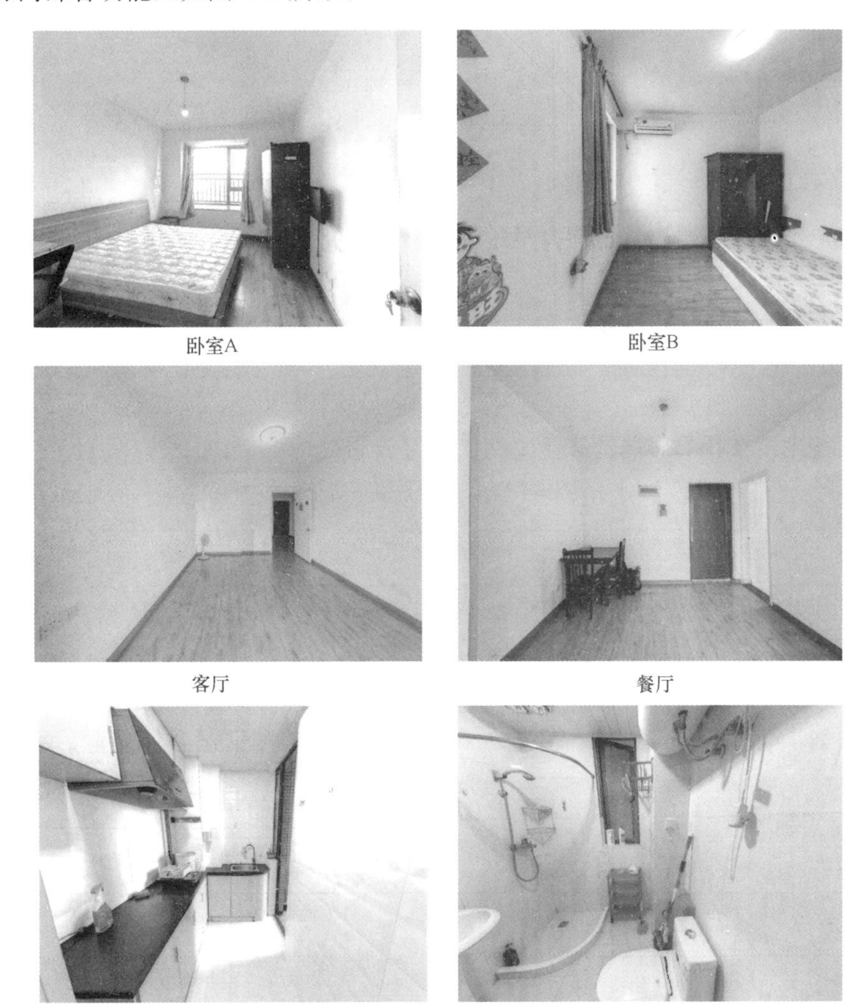

图 1.2 房源内部各功能区

2. 学习目标

素质目标：

（1）培养学生严谨、规范的工作思维

（2）培养学生实事求是的工作素养

知识目标：

（1）掌握接受出售委托查验内容

（2）掌握商圈调研内容

（3）掌握房屋估价基本思路和方法

（4）掌握卖点提炼顺序

（5）掌握房源描述要求

技能目标：

（1）商圈调研

（2）房屋估价
（3）卖点提炼
（4）房源描述

工作任务1　客户资格及房源法律属性核查

1. 任务思考

（1）客户王先生想要出售房屋，经纪人小李接受委托前需要核查哪些证件？

（2）王先生所委托的房源的法律属性该如何描述？

2. 思想提升

房地产经纪任务时间长、涉及金额大、交易特殊性强，为避免出现例如签订合同时共有权人不知情不同意出售的纠纷，经纪人在接受委托时该如何做才能规避后续出现业务风险？

3. 任务实施

（1）步骤1：客户资格确认

任务要求	依据规范查验客户资格。
任务安排	自主完成知识点学习，并总结确认依据和结果。
任务结果	确认依据→客户资格 ① ② ③

（2）步骤2：房源法律属性确认

任务要求	依据工作情境描述，分析出售房源法律属性。
任务安排	自主完成知识点学习，并总结确认依据和结果。
任务结果	确认依据→法律属性 ① ② ③

4. 任务评价

评价指标	评价内容	分值	自评	互评	教师评价
学习过程	能够按时在线签到	5			
	能够完成知识自主学习，并在线自测	25			
	小组内讨论并完成任务	20			
作业	客户资格确认规范	25			
	房源法律属性描述准确	25			

工作任务2　房源实勘和出售委托

1. 任务思考

（1）为什么要进行房源实勘？

（2）房源实勘时需要搜集哪些信息？

2. 思想提升

房源描述与房屋实情不符，影响房源带看率和带看成交率，也降低客户对经纪人的信任度，为了提高客户信任度及带看成交率，在房屋实勘时，经纪人需要做什么？

3. 任务实施

（1）步骤 1：实勘准备

任务要求	依据要求准备实勘材料并确定实勘时间。
任务安排	学习相关知识点，罗列实勘所需材料清单，并以对话形式确定实勘时间。
任务结果	实勘材料： 实勘时间：

（2）步骤 2：实勘

任务要求	依据实勘目的，总结实勘内容及成果。
任务安排	查看 App 中房源信息，确定实勘所需搜集的信息，总结实勘内容及成果，填写《房屋状况说明书（房屋买卖）》（见附录 1）。
任务结果	实勘内容： 实勘成果：

（3）步骤 3：出售委托

任务要求	依据客户情况填写《出售房屋委托协议》（见附录 2）。
任务安排	阅读《出售房屋委托协议》，明确各条文意思，向客户解释条文，并按客户情况完整填写《出售房屋委托协议》。
任务结果	完成《出售房屋委托协议》填写。

4. 任务评价

评价指标	评价内容	分值	自评	互评	教师评价
学习过程	能够按时在线签到	5			
	能够完成线上知识学习，并在线自测	25			
	小组内讨论并确定结果	10			
作业	实勘准备材料齐全	15			
	实勘内容完整	15			
	实勘成果明确	15			
	《出售房屋委托协议》填写准确	15			

工作任务3 商 圈 调 研

1. 任务思考

（1）住房的价值除了核心居住功能外，同时还具备什么价值？

（2）客户在购买房子时，最在意的外部配套有哪些？

2. 思想提升

居者有其屋，是每个经纪人的工作目标，让每套房源遇到每个合适的客户，经纪人应该做些什么？

3. 任务实施

（1）步骤1：板块价值调研

任务要求	依据房源所在板块，调研板块价值及发展趋势。
任务安排	线上调研板块价值及发展趋势。
任务总结	板块价值分析报告 关键词：

（2）步骤2：周边配套调研

任务要求	调研A小区周边配套，包括教育、医疗、生活、交通、商业等配套。
任务安排	利用××地图线上调研A小区周边配套信息
调研结果	教育： 医疗： 生活： 交通： 商业：

（3）步骤3：小区调研

任务要求	调研A小区信息，包括开发商、物业服务企业、小区规划图、内部配套设施、景观特色、停车位配比情况、容积率、绿化率等。
任务安排	利用××地图线上调研A小区信息。
调研结果	开发商： 物业服务企业： 小区规划图：（单独附纸绘制） 内部配套设施： 景观特色： 停车位配比情况： 容积率： 绿化率：

4. 任务评价

评价指标	评价内容	分值	自评	互评	教师评价
学习过程	能够按时在线签到	5			
	能够完成线上知识学习，并在线自测	15			
	小组内讨论并完成商圈调研	10			
作业	板块价值及发展趋势分析指标完整、数据新、图表结合	20			
	周边配套信息齐全准确	25			
	小区信息齐全准确	25			

工作任务4　房屋估价

1. 任务思考

（1）客户售房时对自家房屋有一个心理价位，这个价格是否一定合理？说明理由。

（2）经纪人给客户定价建议时，如果客户不信任经纪人，经纪人该如何解释？

______

______

______

2. 思想提升

合理的价格能加快房屋销售速度，对经纪人而言，怎么做才能体现指导售价的合理性？

3. 任务实施

（1）步骤1：搜集类似房地产

任务要求	依据房源所在小区，搜集近期交易的和待售房地产类似的房屋。
任务安排	公司内网中寻找近期交易的类似房地产，最少3套。
任务总结	类似房地产： ① 类似房地产1： 小区： 配套： 交通便捷度： 楼层： 户型： 面积： 朝向： 装修： 建造年代： 建筑结构： ② 类似房地产2： 小区： 配套： 交通便捷度： 楼层： 户型： 面积： 朝向： 装修： 建造年代： 建筑结构： ③ 类似房地产3： 小区： 配套： 交通便捷度： 楼层： 户型： 面积： 朝向： 装修： 建造年代： 建筑结构：

（2）步骤 2：价格测算

任务要求	依据调研信息，对比类似房地产和待售房源，得出价格。
任务安排	在给定的《比较因素条件说明表》（表 1.1）、《比较因素条件指数表》（表 1.2）和《比较因素条件指数修正计算表》（表 1.3）中描述房源条件，并依据规则打分，测算出比较价值。
测算结果	类似房地产 1： 类似房地产 2： 类似房地产 3： 比较价值：

比较因素条件说明表　　表 1.1

比较因素		估价对象	实例一	实例二	实例三
坐落位置					
建筑面积（m^2）					
交易价格（元/m^2）					
交易情况					
交易时点					
区位因素	位置				
	周边配套设施				
	离区域中心距离				
	交通便捷度				
	周围环境				
	景观				
	楼幢位置				
	楼层				
	朝向				
实物因素	建筑结构				
	建筑外观				
	物业管理				
	设施设备				
	新旧程度				
	建筑功能				
	建筑规模（面积）				
	空间布局				
	采光通风				
	装饰装修				
	噪声、光污染				
	有无厌恶设施				
	有无专用车位				
	阁楼				
	赠送因素				

续表

比较因素		估价对象	实例一	实例二	实例三
权益因素	土地使用权类型				
	规划条件				
	使用及权利限制				
	租赁或占用情况				

比较因素条件指数表　　表1.2

因素		估价对象	实例一	实例二	实例三
交易价格（元/m²）		待估			
交易情况		100			
交易时点		100			
区位因素	位置	100			
	周边配套设施	100			
	离区域中心距离	100			
	交通便捷度	100			
	周围环境	100			
	景观	100			
	楼幢位置	100			
	楼层	100			
	朝向	100			
实物因素	建筑结构	100			
	建筑外观	100			
	物业管理	100			
	设施设备	100			
	新旧程度	100			
	建筑功能	100			
	建筑规模（面积）	100			
	空间布局	100			
	采光通风	100			
	装饰装修	100			
	噪声、光污染	100			
	有无厌恶设施	100			
	有无专用车位	100			
	阁楼	100			
	赠送因素	100			
权益因素	土地使用权类型	100			
	规划条件	100			
	使用及权利限制	100			
	租赁或占用情况	100			
比较价值（元/m²）					
平均比较价值（元/m²）					

比较因素条件指数修正计算表　　表 1.3

比较因素		实例一	实例二	实例三
交易价格（元/m²）				
交易情况		100/	100/	100/
交易时点		/100	/100	/100
区位因素	位置	100/	100/	100/
	周边配套设施	100/	100/	100/
	离区域中心距离	100/	100/	100/
	交通便捷度	100/	100/	100/
	周围环境	100/	100/	100/
	景观	100/	100/	100/
	楼幢位置	100/	100/	100/
	楼层	100/	100/	100/
	朝向	100/	100/	100/
实物因素	建筑结构	100/	100/	100/
	建筑外观	100/	100/	100/
	物业管理	100/	100/	100/
	设施设备	100/	100/	100/
	新旧程度	100/	100/	100/
	建筑功能	100/	100/	100/
	建筑规模（面积）	100/	100/	100/
	空间布局	100/	100/	100/
	采光通风	100/	100/	100/
	装饰装修	100/	100/	100/
	噪声、光污染	100/	100/	100/
	有无厌恶设施	100/	100/	100/
	有无专用车位	100/	100/	100/
	阁楼	100/	100/	100/
	赠送因素	100/	100/	100/
权益因素	土地使用权类型	100/	100/	100/
	规划条件	100/	100/	100/
	使用及权利限制	100/	100/	100/
	租赁或占用情况	100/	100/	100/
比较价值（元/m²）				
平均比较价值（元/m²）				

4. 任务评价

评价指标	评价内容	分值	自评	互评	教师评价
学习过程	能够按时在线签到	5			
	能够完成线上知识学习，并在线自测	15			
	小组内讨论并确定类似房地产	10			
作业	类似房地产搜集合理、信息完整	25			
	条件描述和指数确定对应且准确	25			
	价格测算过程准确	20			

工作任务 5　卖 点 提 炼

1. 任务思考

（1）同小区不同房源，如何突出自身特点，从而吸引客户眼球？

____

____

____

（2）对不同的购房者来说，什么样的房子才能称得上是好房子？

____

____

____

2. 思想提升

实事求是是每个经纪人在向客户推荐房源时应遵循的基本准则，哄骗的结果是客户对经纪人、对企业、对行业的不信任，客观地展示房源，经纪人应该怎么做？

3. 任务实施

（1）步骤 1：卖点挖掘

任务要求	按卖点类别，挖掘王先生所委托的 A 小区房源特点。
任务安排	对照卖点类别，罗列出受托房源所有可能吸引客户的特点。
任务总结	卖点： ① ② ③ ④ ⑤ ……

（2）步骤 2：卖点排序

任务要求	按购买该小区房源客户需求，按对客户吸引力，将卖点排序。
任务安排	依据 A 小区优势分析客户购买目的及客户群特点，将总结好的卖点按对客户吸引程度排序。
任务总结	卖点排序： ① ② ③ ④ ⑤ ……

（3）步骤 3：卖点包装

任务要求	将卖点变成简短有力的标题，形成房源明显特征。
任务安排	依据对客户的了解，将卖点转化成对客户的利益，挑最能吸引客户、最能反映房源特点的 3～5 个卖点，组合成房源标题。
任务总结	标题：

4. 任务评价

评价指标	评价内容	分值	自评	互评	教师评价
学习过程	能够按时在线签到	5			
	能够完成线上知识学习，并在线自测	15			
	小组内讨论并完成卖点挖掘	10			
作业	卖点挖掘完整、真实	25			
	卖点排序合理	20			
	标题凝练、吸引眼球	25			

工作任务 6　房源信息描述及发布

1. 任务思考

（1）房源点击率影响着房源的排序，查看 App 中的 A 小区房源，总结排序靠前的房源特点。

（2）对比查看的A小区房源，总结一份完整的房源信息描述应具备的内容。

____

____

____

2. 思想提升

保证房源真实性是作为经纪人首要的基本职业道德。真房源行动，经纪人能做什么？

3. 任务实施

（1）步骤1：基础信息描述

任务要求	按房源信息描述要求，描述受托房源基础信息。
任务安排	查看情境描述和A小区信息，完成基础信息描述。
任务总结	基础信息描述 户型： 面积： 价格： 朝向： 楼层： 装修： 用途： 结构：

（2）步骤2：交易信息描述

任务要求	按房源信息描述要求，描述受托房源交易信息。
任务安排	查看情境描述和A小区信息，完成交易信息描述。
任务总结	交易信息描述 持有年限： 房屋用途： 交易权属： 产权所属： 抵押信息：

（3）步骤3：配套信息描述

任务要求	按房源信息描述要求，描述受托房源配套信息。
任务安排	查看情境描述和A小区信息，完成配套信息描述。
任务总结	配套信息描述 交通： 教育： 医疗： 生活： 休闲：

（4）步骤4：卖点描述

任务要求	按房源信息描述要求，描述受托房源卖点。
任务安排	查看情境描述和A小区信息，完成标题和推荐理由。
任务总结	标题： 推荐理由：

4. 任务评价

评价指标	评价内容	分值	自评	互评	教师评价
学习过程	能够按时在线签到	5			
	能够完成线上知识学习，并在线自测	15			
	小组内讨论并完成房源信息描述	10			
作业	基础信息完整	10			
	交易信息准确	20			
	配套信息完整准确	20			
	标题醒目、推荐理由充足	20			

1.6 评价与总结

1. 评价

一级指标	二级指标	评价内容	分值	自评	互评	教师评价
工作能力	小组协作	对于每项任务小组能依据要求完成小组讨论与分析	5			
	实践能力	客户资格及房源权属核查能力	10			
		房屋实勘和接受委托能力	10			
		商圈调研能力	10			
		卖点提炼能力	10			
		房源信息描述与发布能力	10			
	表达能力	语言流畅，思维清晰，重点突出	5			
作业得分	职业岗位能力	客户资格及房源权属核查流程规范	5			
		房屋实勘成果完整，委托书填写准确	5			
		商圈调研内容完整翔实	10			
		卖点提炼精准有吸引力	10			
		房源信息描述全面准确	10			

2. 总结

客户资格及房源法律属性核查能力	进步	
	欠缺	
房屋实勘和出售委托能力	进步	
	欠缺	
商圈调研能力	进步	
	欠缺	
房屋估价能力	进步	
	欠缺	
卖点提炼能力	进步	
	欠缺	
房源信息描述及发布能力	进步	
	欠缺	

1.7 企业专家在线指导

专家姓名	工作单位	指导意见

项目2 客 源 开 拓

2.1 工作任务导入

客户要求	客户要买房，委托经纪人寻找合适房源。
企业要求	按照客户需求，依据“1+X”新居住数字化经纪服务要求，接待客户，核实客户购房资格，完成客户需求挖掘，签订《求购房屋委托协议》（见附录3）。
工作任务要求	任务要求：按一定流程并遵照接待礼仪，接待客户，核实客户证件、户籍、社保缴纳情况等确认客户购房资格，引导客户说明购房需求，与客户签订《求购房屋委托协议》，线上录入客户信息。 任务步骤： （1）接待客户 （2）核实客户购房资格 （3）挖掘客户需求 （4）签订《求购房屋委托协议》 （5）线上录入客户信息 建议学时：8学时 工作任务1　门店客户接待（2学时） 工作任务2　核实客户购房资格（2学时） 工作任务3　客户需求挖掘（2学时） 工作任务4　《求购房屋委托协议》签订（1学时） 工作任务5　客源信息录入（1学时）
工作标准	“1+X”新居住数字化经纪服务（中级技能） （1）客户信息搜集 （2）客源信息录入 对接方式：客户信息搜集实训对接客户信息搜集与录入要求。

2.2 小组协作与分工

课前：请同学们根据异质分组原则分组协作完成工作任务，并在下面表格中写出小组同学特长与角色分配。

组名	成员姓名	特长	角色分配

2.3 知 识 导 入

（1）客户进店委托求购房源，是否可以直接签订《求购房屋委托协议》？

（2）接受客户求购委托前，可以通过哪些资料核查客户购房资格？
（3）从客户进店开始，经纪人应该如何做从而体现良好的职业素养？
（4）房源属性复杂，购房目的多样，客户需求该如何挖掘？
（5）带看成功的关键是客户需求明确，客户哪些属性会影响需求？
（6）客户信息录入时包括哪些内容？

2.4　知识准备

2.4.1　客户接待

2.4.1.1　客户接待流程

1. 起身迎接

（1）说
① 客人进来：您好，欢迎光临，有什么可以帮您；
② 客人在门口看房源：您好，请进；
③ 客人随意看看：聊聊家常，热情接待。
（2）做
① 两位以上客人：不可冷落其中一位；
② 雨雪天气：帮助收伞、提东西、引导入座。
（3）忌讳
① 以貌取人；
② 回答太过“干脆利落”。

2. 安排入座

（1）说
您好，请坐。
（2）做
① 让客人背对门口而坐；
② 拉开座椅；
③ 客人未坐，经纪人不可坐；
④ 尽量坐在客户左侧或右侧；
⑤ 视性别与人数确定保持的距离。

3. 上茶

（1）说
请您用茶。
（2）做
① 水量：七分茶八分酒；
② 水温：热水或温水；
③ 端水：手远离杯口；
④ 上水：按身份确定上茶顺序；
⑤ 续水：及时添茶。

4. 递名片

（1）说

这是我的名片，我是×××，后续有任何需要都可以联系我。

（2）做

① 双手拇指和食指执名片两角，文字正面朝对方；

② 递送过程中介绍自己。

5. 交谈（具体内容见2.4.3挖掘客户需求）

2.4.1.2　客户接待礼仪

1. 握手礼仪

（1）握手的态度：面带微笑、目视对方

（2）握手的顺序：地位高、辈分长、女士先

（3）握手的方式：右手，四指并拢，拇指张开与对方相握，力度适中，上下晃动三四次

（4）握手的禁忌：

① 不可用左手；

② 握手时不可戴手套和墨镜；

③ 握手时另一只手不可放口袋；

④ 握手时不可长篇大论也不可不发一言；

⑤ 不可只握对方指尖；

⑥ 不可握手后擦手；

⑦ 不可把对方的手拉过来推过去。

2. 名片礼仪

（1）名片递送礼仪

① 按职位、辈分顺序递送；

② 由近及远递送；

③ 顺时针递送。

（2）名片接收礼仪

① 微笑起身双手接下；

② 致谢并轻读对方姓名和头衔；

③ 接收后如要交谈不可立刻收起；

④ 放在桌上不可被东西压住。

（3）名片存放

① 使用专用客户名片夹；

② 名片后记下见面时间、地点、谈话内容；

③ 客户名片资料存档电脑。

3. 交谈礼仪

（1）交谈过程

① 把握分寸：认同则赞同，不认同则不必深究，除非原则问题；

② 目光接触：不可东张西望，也不可目不转睛，自然微笑，表情随内容变化；

③ 肢体语言：不可做不雅动作；

④ 顾及大家：三人以上交谈用大家能听懂的语言，声调柔和，音量适中。

（2）交谈禁忌

① 忌打断对方；

② 忌补充对方；

③ 忌纠正对方；

④ 忌质疑对方。

2.4.2　核实客户资格

2.4.2.1　杭州购房政策（2022 年 7 月 2 日）

1. 新房摇号资格（图 2.1）

<table>
<tr><th>户籍类别</th><th>落户年限</th><th>购房者情况</th></tr>
<tr><td rowspan="4">杭州限购区户籍</td><td rowspan="2">落户满五年</td><td>单身（含离异）并在杭无住宅</td></tr>
<tr><td>已婚并在杭无房或有仅一套住宅，三孩家庭在杭住宅三套以内</td></tr>
<tr><td rowspan="2">落户未满五年</td><td>自登记之日起连续缴纳限购区社保已满24个月并在杭无住宅</td></tr>
<tr><td>三孩家庭在杭无房或有仅一套住宅</td></tr>
<tr><td>外地户籍</td><td colspan="2">自登记之日起连续缴纳限购区个税或社保已满48个月并在杭无住宅</td></tr>
<tr><td rowspan="4">四县市户籍</td><td rowspan="2">落户满五年</td><td>单身（含离异）并在杭无住宅</td></tr>
<tr><td>已婚并在杭无房或有仅一套住宅，三孩家庭在杭住宅三套以内</td></tr>
<tr><td rowspan="2">落户未满五年</td><td>落户满2年，连续缴纳限购区社保已满24个月并在杭无住宅</td></tr>
<tr><td>三孩家庭在杭无房或有仅一套住宅</td></tr>
<tr><td rowspan="2">高层次人才</td><td colspan="2">在杭无住宅记录满三年（可享受政策倾斜），无社保及落户年限要求</td></tr>
<tr><td>落户满五年</td><td>已婚并在杭无房或有仅一套住宅，三孩家庭在杭住宅三套以内</td></tr>
</table>

图 2.1　杭州限购区摇号条件（新房）

2. 二手房购房资格（图 2.2）

<table>
<tr><th colspan="2">购房者情况</th><th>购房资格</th></tr>
<tr><td rowspan="3">杭州全境户籍</td><td>无其他要求</td><td>限购1套</td></tr>
<tr><td>已婚（落户已满5年，无社保要求）
已婚（落户未满5年，无社保要求，须三孩家庭）</td><td>限购2套</td></tr>
<tr><td>已婚（落户已满5年，无社保要求，须三孩家庭）</td><td>限购3套</td></tr>
<tr><td>外地户籍</td><td>自网签之日起连续缴纳限购区个税或社保已满12个月</td><td>限购1套</td></tr>
</table>

* 企业不可在限购区域内购房；

* 通过父母投靠子女落户杭州，父母落户即可购房；

* 三孩家庭是指第三个子女在2021年5月31日之后出或收养；

* 限购区域赠与，受赠人须有购房资格，且赠与人赠与后需满3年可购房；

* 限购区域：上城区、拱墅区、滨江区、西湖区、钱塘区、萧山区、余杭区、富阳区、临平区。

图 2.2　杭州限购区购房政策（二手房）

2.4.2.2 核实客户购房资格

1. 核实内容

（1）户籍情况：本地还是外地

（2）婚姻情况：已婚还是单身

（3）个税或社保缴纳情况：缴纳期限

2. 购房资格确认（杭州限购区内）

（1）本地户口，未婚

① 可购买一套二手房（无落户年限要求）；

② 落户满5年，可参与新房摇号。

（2）本地户口，落户未满5年，已婚

① 可购买一套二手房；

② 自登记之日起连续缴纳限购区个税或社保已满24个月并在杭无住宅，可参与新房摇号。

（3）本地户口，落户满5年，已婚：可购买两套住房

（4）本地户口，落户未满5年，已婚，三孩家庭：可购买两套住房

（5）本地户口，落户满5年，已婚，三孩家庭：可购买三套住房

（6）外地户口

① 自网签之日起连续缴纳限购区个税或社保已满12个月，可购买一套二手房；

② 自登记之日起连续缴纳限购区个税或社保已满48个月并在杭无住宅，可参与新房摇号。

2.4.3 挖掘客户需求

2.4.3.1 客户情况对应需求内容

（1）购房目的分析：依据不同购房目的，判断客户看重的房源属性

（2）购买力分析：匹配客户收入与房价，判断客户能承受的房价与面积

（3）偏好分析：客户偏好特征分析，判断客户喜欢的房源特征

（4）需求程度分析：依据客户需求程度确定后续联系程度

（5）购买决策分析：依据谈话内容找准家庭决策者，带看时邀请决策者到场

2.4.3.2 客户需求挖掘

（1）询问客户购房目的、购房区域要求

（2）询问客户家庭构成、需求面积、户型要求等

（3）依据客户描述给出代理区域内客户所需房源大概总价、首付及月供，询问是否符合客户要求

（4）复述客户需求，确保信息全面

2.4.3.3 客户购买力测算

1. 等额序列支付

（1）公式：$P=A/i[1-1/(1+i)^n]$

知道以后某段时间内稳定的可以支配的收入，参照现在的房价和贷款利率，就能计算出目前能承受的最大额度房屋总价及面积。

（2）公式：$A=P[i(1+i)^n]/[(1+i)^n-1]$

知道房子总价，银行贷款利率及贷款期限，可以计算出业主的月还款额及必需的月收入。

注： P：贷款总额；A：月还款额；i：利率；n：计息期数。

2. 购买力测算示例

【例】王先生拟购买一套住宅，单价为13000元/m²，王先生家月收入总共为35000元，其中30%可用于支付房款，银行能提供15年的住房抵押贷款，贷款年利率为6%，抵押贷款比例最大为80%，为了不因为还房贷而影响生活质量，请根据王先生家的实际情况给王先生提供购买住房面积的建议。

解： $P=A/i\ [1-1/\ (1+i)^n]$

假设能够购买的住房面积为X，则

$A=35000\times30\%=10500$ 元

$i=6\%/12=0.5\%$

$n=15\times12=180$

$P=13000\times X\times80\%=10400X$

$10400X=10500/0.5\%[1-1/(1+0.5\%)^{180}]$

$X=119.74\text{m}^2$

经计算得知，依据王先生家庭收入情况，最大可以购买119.74m²的房子。

2.4.4　签订《求购房屋委托协议》

2.4.4.1　《求购房屋委托协议》主要内容

(1) 求购房屋属性：区域范围、建筑面积、价格范围、户型、楼层面积、装修要求等

(2) 委托期限

(3) 中介服务费

(4) 违约责任

2.4.4.2　《求购房屋委托协议》签订注意事项

(1) 向客户解释清楚后续服务内容

(2) 向客户说明中介服务收费标准

(3) 向客户说明委托期限内双方权利义务

2.4.5　线上录入客源信息

2.4.5.1　客源信息内容

1. 客源基础信息

① 个人信息：客户姓名、性别、年龄、文化程度、籍贯；

② 联系方式：家庭住址、联系电话、微信、QQ等；

③ 家庭构成：家庭人口、子女数量及年龄、入学状况；

④ 社会属性：职业、工作单位、职务等。

2. 客源需求信息

客源需求信息主要包括：位置、建筑面积、户型、朝向、车位、建造年代、楼层、装修、电梯、物业管理、配套等。

3. 客源交易信息

客源交易信息主要包括：购房动机、预算（包括首付和月供）、房屋交付时间、户口要求等。

2.4.5.2 **客源信息录入要求**

（1）初次录入，信息完整详细

（2）受托期限内，及时更新客户信息

（3）注意客户信息安全，不可随意泄露客户信息给无关人等

2.5 工作任务实施

1. 工作情境描述

客户赵先生在杭州未来科技城工作，已婚，家庭年总收入 80 万元左右，育有一儿，已购住房一套，目前二胎在孕中，为了迎接新生命到来，希望再买一套大一点的住房，委托经纪人小李帮忙寻找合适房源。经纪人小李接待赵先生，在核实赵先生购房资格后，依据赵先生购房目的、家庭构成及预算，确定赵先生购房需求，接受委托并签订《求购房屋委托协议》。

2. 学习目标

素质目标：

（1）培养学生严谨、规范的工作思维

（2）培养学生以客户需求为核心的社会责任及法治观念

知识目标：

（1）掌握客户接待流程和礼仪

（2）掌握杭州最新购房政策

（3）掌握客户信息内容

（4）掌握《求购房屋委托协议》内容

技能目标：

（1）门店接待客户

（2）确认客户购房资格

（3）挖掘客户需求

（4）签订《求购房屋委托协议》

（5）录入客源信息

工作任务1 门店客户接待

1. 任务思考

（1）客户赵先生进店表示想要买房，经纪人小李负责接待，在交谈前，应该做些什么准备？

____

____

____

（2）作为一名有职业素养的经纪人，接待客户时，应该注意什么？

____

____

____

2. 思想提升

家庭收入是决定客户能不能买房、买什么房的关键因素，可是收入属于隐私问题，在接待过程中，经纪人该如何巧妙提问，既顾及客户感受，又能精准测算出客户购买力？

3. 任务实施

（1）步骤1：总结客户接待流程及礼仪

任务要求	回顾客户接待流程，总结各流程中应注意的礼仪要点。
任务安排	知识点讲授完毕后，自主完成流程及接待礼仪要点总结。
任务总结	接待流程 ① ② ③ ④ ⑤ 接待礼仪 ① ② ③ ④

（2）步骤2：演示客户接待过程

任务要求	依据接待流程和接待礼仪要求，完成客户接待视频拍摄。
任务安排	自主准备道具，课后拍摄客户接待视频。
任务准备	道具清单 ① ② ③ ④

4. 任务评价

评价指标	评价内容	分值	自评	互评	教师评价
学习过程	能够按时在线签到	5			
	能够完成知识自主学习，并在线自测	20			
	小组内讨论并完成任务	10			
作业	接待礼仪总结	20			
	接待视频	45			

工作任务2　核实客户购房资格

1. 任务思考

（1）赵先生进店表示想要买房，经纪人是否应该马上根据客户需求匹配房源？

（2）客户的购房资格会不会发生变化？依据什么而变化？

2. 思想提升

房住不炒是国家对房地产调控的主基调，房地产交易层面，哪些政策在落实房住不炒的要求？

3. 任务实施

（1）步骤1：客户资格核实

任务要求	依据购房资格核实内容，以对话方式核实客户购房资格。
任务安排	小组讨论对话内容，写好对话台词，完成对话展示。
任务准备	赵先生资格核实内容（3～5个问题）： ① ② ③ ④ ⑤

（2）步骤2：客户资格确认

任务要求	依据最新购房政策，结合赵先生的情况，确认赵先生的购房资格。
任务安排	对话展示后，经纪人说明赵先生是否有购房资格，能买几套房。
任务总结	赵先生购房资格确认

4. 任务评价

评价指标	评价内容	分值	自评	互评	教师评价
学习过程	能够按时在线签到	5			
	能够完成线上知识学习，并在线自测	15			
	小组内讨论并确定结果	10			
作业	对话内容	25			
	对话展示	25			
	客户资格	20			

工作任务3　客户需求挖掘

1. 任务思考

（1）客户的购房偏好由什么决定？

（2）客户需求挖掘的信息众多，根据前面所学，请按重要程度给各类信息排序。

2. 思想提升

居者有其屋，是每个经纪人的工作目标，为准确地为每个客户找到合适的房源，经纪人应该做些什么？

3. 任务实施

（1）步骤1：客户需求挖掘

任务要求	依据后续匹配房源所需客户信息内容，以对话方式挖掘客户需求。
任务安排	小组讨论对话内容，写好对话台词，完成对话展示。
任务准备	赵先生需求挖掘（5～10个问题） ① 购房目的 ② 购房区域 ③ 购房偏好 ④ 需求程度 ⑤ 购房决策

（2）步骤2：客户需求总结

任务要求	依据工作情境给出信息及客户需求对话内容，总结客户需求信息。
任务安排	测算购买力，总结客户需求。
任务总结	赵先生需求总结： ① 购房目的 ② 购房区域 ③ 购房偏好 ④ 购房预算（通过家庭年总收入测算购房区域内可承受最大面积）

4. 任务评价

评价指标	评价内容	分值	自评	互评	教师评价
学习过程	能够按时在线签到	5			
	能够完成线上知识学习，并在线自测	15			
	小组内讨论并完成客户需求挖掘	10			
作业	对话内容	20			
	对话展示	20			
	购买力分析	10			
	客户需求总结	20			

工作任务 4 《求购房屋委托协议》签订

1. 任务思考

（1）为什么要与客户签订《求购房屋委托协议》？

____

____

（2）《求购房屋委托协议》签订过程中需要经纪人做好哪些解释工作？

____

____

____

2. 思想提升

无规矩不成方圆，为减少后续交易过程中的纠纷，经纪人可以通过什么方法防患于未然？

3. 任务实施

任务要求	向客户解释《求购房屋委托协议》（见附录 3）签订原因及条款，依据客户情况，填写求购房屋委托协议。
任务安排	阅读《求购房屋委托协议》，明确各条文意思，向客户解释条文，并按客户情况完整填写《求购房屋委托协议》。
任务步骤	（1）后续服务内容解释 （2）中介服务标准解释 （3）重点条款解释

4. 任务评价

评价指标	评价内容	分值	自评	互评	教师评价
学习过程	能够按时在线签到	5			
	能够完成线上知识学习，并在线自测	15			
	小组内讨论各项解释内容	15			
作业	后续服务内容解释	15			
	中介服务标准解释	15			
	条款解释	15			
	签订《求购房屋委托协议》	20			

工作任务5　客源信息录入

1. 任务思考

(1) 客户信息管理主要管理哪些内容?

(2) 委托期限内，客户信息是否会发生变化? 如果会，哪些方面会发生变化?

2. 思想提升

信息安全是消费者越来越关心的问题，在房地产交易过程中，经纪人应如何保障客户信息安全?

3. 任务实施

任务要求	按平台要求录入客源信息。
任务安排	依据前面任务内容，总结赵先生需求信息。
任务总结	(1) 基础信息 ① 个人信息 ② 联系方式 ③ 家庭构成 ④ 社会属性

续表

<table>
<tr><td>任务总结</td><td>（2）需求信息
① 区域
② 建筑面积
③ 户型
④ 朝向
⑤ 车位
⑥ 建造年代
⑦ 楼层
⑧ 装修
⑨ 电梯
⑩ 配套

（3）交易信息
① 购房动机
② 预算
③ 交付时间
④ 户口要求</td></tr>
</table>

4. 任务评价

评价指标	评价内容	分值	自评	互评	教师评价
学习过程	能够按时在线签到	5			
	能够完成线上知识学习，并在线自测	15			
	小组内讨论并总结客源信息	10			
作业	基础信息	20			
	需求信息	25			
	交易信息	25			

2.6 评价与总结

1. 评价

一级指标	二级指标	评价内容	分值	自评	互评	教师评价
工作能力	小组协作	能依据要求完成小组讨论与分析	5			
	实践能力	客户接待能力	10			
		客户购房资格确认能力	10			
		客户需求挖掘能力	10			
		《求购房屋委托协议》签订能力	10			
		客源信息总结录入能力	10			
	表达能力	语言流畅，思维清晰，重点突出	5			
作业得分	职业岗位能力	客户接待流程准确、礼仪规范	10			
		客户购房资格确认准确	10			
		客户需求挖掘内容完整准确	10			
		《求购房屋委托协议》内容填写准确	5			
		客源信息总结完整	5			

2. 总结

客户接待能力	进步	
	欠缺	
客户购房资格确认能力	进步	
	欠缺	
客户需求挖掘能力	进步	
	欠缺	
《求购房屋委托协议》签订能力	进步	
	欠缺	
客源信息总结录入能力	进步	
	欠缺	

2.7 企业专家在线指导

专家姓名	工作单位	指导意见

项目 3　房源匹配与带看

3.1　工作任务导入

<table>
<tr><td>客户要求</td><td>客户确定看房时间，要求经纪人按需求匹配房源并安排带看。</td></tr>
<tr><td>企业要求</td><td>按照客户需求，依据“1+X”新居住数字化经纪服务要求，帮助客户匹配 3～5 套房源，和房东约定看房时间，设计看房路线，按约定完成带看，并促成交易。</td></tr>
<tr><td>工作任务要求</td><td>任务要求：准备房源，约带看时间，设计看房路线，分析商圈及房源优劣势，梳理讲房方式和方法，带看及突发状况处理，带看信息整理，带看后跟进客户。
任务步骤：
（1）利用 App 准备带看房源
（2）电话联系房东约带看时间和地点
（3）利用××地图完成带看路线设计
（4）完成商圈及房源优劣势分析 PPT
（5）结合带看路线和优劣势分析，完成讲房展示
（6）带看报告撰写
建议学时：8 学时
工作任务 1　准备房源并约带看（2 学时）
工作任务 2　设计看房路线并分析商圈及房源优劣势（2 学时）
工作任务 3　梳理讲房方式和方法并讲房展示（2 学时）
工作任务 4　带看报告撰写（2 学时）</td></tr>
<tr><td>工作标准</td><td>“1+X”新居住数字化经纪服务（中级技能）
（1）房屋外带看讲房
（2）房屋内带看讲房
对接方式：讲房实训对接房屋内外讲房要求。</td></tr>
</table>

3.2　小组协作与分工

课前：请同学们根据异质分组原则分组协作完成工作任务，并在下面表格中写出小组同学特长与角色分配。

<table>
<tr><th>组名</th><th>成员姓名</th><th>特长</th><th>角色分配</th></tr>
<tr><td rowspan="2"></td><td></td><td></td><td></td></tr>
<tr><td></td><td></td><td></td></tr>
</table>

3.3 知识导入

（1）客户要看房，准备几套房源比较合适？
（2）约房东带看用什么方式比较好？
（3）带客户看房抄近道是否合适？
（4）带看路上，和客户聊点什么？
（5）带看房源内，给客户介绍点什么？
（6）带看过程中，客户提出异议怎么办？

3.4 知识准备

3.4.1 准备房源并约带看

3.4.1.1 准备房源

1. 房源匹配要点

（1）按条件匹配：购房目的，房源特点
（2）按价格匹配：总价、首付、月供
（3）匹配数量：3套最佳，备1～2套

2. 房源客源匹配程序

（1）房源匹配客源
① 找出半个月内咨询客户名单；
② 找出求购价格与该房源大致相符客户；
③ 找出求购条件与该房源大致相符客户；
④ 按客户购买力排序；
⑤ 选定主要客户；
⑥ 致电客户邀约看房。
（2）客源匹配房源
① 找出有效房源名单；
② 找出大致符合该客户价格要求的房源；
③ 找出大致符合该客户求购条件的房源；
④ 对符合条件房源进行排序（依据客户需求关注点确定具体条件）；
⑤ 列出有望成交房源信息；
⑥ 致电客户邀约看房。

3.4.1.2 预约看房

1. 预约看房时间

（1）依据客户时间约房东时间

在客户时间确定情况下，致电房东预约看房时间，要用选择式提问方式，按照心理学案例分析，人的思维惯性，选择题会给出明确答案，假如都不合适，会主动提出一个时间。例如：赵先生，您好，我是××房产小吴，我这边有个客户想看下您的房子，本周六您是上午方便还是下午方便？

（2）依据房源情况确定看房时间

客户确定具体某天可以看房，但没确定具体时间，可以考虑房源情况确定具体时间，综合楼层、朝向和是否有噪声等因素，选择房源展示情况较好时间段看房。

2. 预约带看地点

带看见面地点最佳为门店，若约到小区门口，经纪人应提前到达，为避免出现不必要的麻烦，尽量不将房东和客户约在同一时间门店外的同一地点。

3.4.2 设计看房路线并分析商圈及房源优劣势

3.4.2.1 设计看房路线

1. 看房顺序

带看房源准备 3 套，按照一般、最好和最差的顺序带看。

2. 看房路线

一般带看按照先近后远不绕路的原则，综合考虑带看房源的可看时间和客户看房方便程度来安排。为了提高带看成功率，可以灵活安排增加带看房源，延长带看路线。

3. 看房起点

约客户带看见面的最佳地点是门店，综合考虑客户到达便利度和房源所在位置。

3.4.2.2 分析商圈及房源优劣势

1. 商圈优劣势分析

商圈优劣势主要体现在商圈目前配套齐全度、交通和生活便利度、教育资源优质性和医疗资源丰富性，以及商圈未来发展可能性。

2. 房源优劣势分析

房源优劣势分析主要指标是地段、小区配套、小区布局、小区绿化、小区内交通、户型、价格和物业管理等。为体现良好的逻辑性，在分析时要按照从内到外、从大到小的顺序来进行。

3.4.3 讲房

3.4.3.1 讲房内容

1. 讲地段

地段优越可以体现在交通便捷上，用车程、车时取代原来的绝对位置的概念。例如地铁几号线哪一站到小区步行距离；某快速路路口距离小区车程等都可以很好地说明地段价值。

2. 讲户型

讲户型时可以对应好的户型标准去讲，例如布局合理、户型方正、动静分区、干湿分离、全明户型、明厨明卫、大开间等。

3. 讲配套

配套齐全是卖点，具体根据家庭所处生命周期去对应所需配套重点分析。例如年轻家庭，孩子读书是最重要的事，优质幼儿园、小学、中学的就学条件及就学便利度，应该重点去讲。

4. 讲区内交通

人车分流是最好的小区内交通形式，人车分流的小区可以将交通形式作为卖点来讲，既可以提高安全性，又能体现了小区的环境质量。

5. 讲物业管理

品牌口碑好的物业服务公司是卖点，如果物业费合理就更吸引客户。

6. 讲装修

装修可以从房屋设备、隔热隔声、节能环保等角度出发去讲，房屋设备主要讲马桶、洗浴设备、燃气设备和空调等；隔热隔声主要讲解墙体材料和玻璃材料等；节能环保主要讲装修材料，包括软装材料和硬装材料。

7. 讲价格

价格主要看性价比，综合考虑房源所有优点和售价关系。

3.4.3.2 讲房方式

讲房方式依据客户家庭特点和购房目的而定，以自住为购房目的，具体可分为以下几种：

1. 单身或刚组建家庭

单身或刚组建家庭比较在意上班方便、吃饭方便、社交方便等，重点讲上班交通便利度、小区内部环境、居住业主特点、小区内商业配套和周边生活配套等。

2. 有孩子中年家庭

有孩子的家庭更看重的是居住的安全性、上学的方便性，重点讲小区人车分流、小区紧邻的幼儿园或小学，小区业主素质等。

3. 老年人家庭

孩子已经独立生活的老年人家庭，看重的是小区内外的休闲功能、小区老年人住户、小区外生活配套和医疗配套等，重点讲小区内康养设施、小区外公园、小区内部老年人数量、小区外菜场、医院等。

3.4.4 带看报告撰写

3.4.4.1 带看前

1. 带看前准备工作

（1）与客户约定好看房时间

（2）与业主落实看房时间

（3）空看带看房源，熟悉房源属性

2. 带看前准备材料

（1）房源材料：小区资料、房源情况、房源图片

（2）带看工具：鞋套、测量仪

（3）带看资料：带看服务确认书

3.4.4.2 带看中

1. 带看顺序

按前述一般、最好、最差顺序带看，写明带看的3套房源具体情况和排序理由。

2. 带看交流

应在带看前按客户情况准备好合适的讲房内容。

3.4.4.3 带看后

1. 带客户回门店

看房后，最好可以带客户回门店，讨论带看房源，确定意向成交房源。

2. 客户看房后跟进

若客户看房后直接离开，或者客户说回家和家人商量，当天晚上或者第二天应及时跟进客户，了解客户购买意愿。

3. 及时向业主反馈带看结果

为让业主了解房源销售进度和带看情况，经纪人应在客户看房后或定期向业主反馈看房情况，以便业主及时调整售价。

3.5 工作任务实施

1. 工作情境描述

客户赵先生在杭州未来科技城工作，已婚，家庭年总收入80万元左右，育有一儿，已购住房一套，目前二胎在孕中，为了迎接新生命到来，希望再买一套大点的住房，委托经纪人小李帮忙寻找合适房源。经纪人小李根据赵先生的收入情况和买婚房的购房目的，在App中匹配合适房源，并模拟看房预约。

2. 学习目标

素质目标：

(1) 培养学生从客户需求出发房源匹配思维

(2) 培养学生善沟通、会表达的专业素质

知识目标：

(1) 掌握购房目的与房源特性关系

(2) 掌握房源客源匹配程序

(3) 掌握房源匹配要点

(4) 掌握预约看房技巧

(5) 掌握商圈及房源优劣势分析内容

(6) 掌握讲房内容和方式

(7) 掌握带看报告撰写内容要点

技能目标：

(1) 匹配合适房源

(2) 致电预约客户和业主看房时间

(3) 商圈及房源优势分析

(4) 讲房

工作任务1 准备房源并约带看

子任务1 客户需求与购买力分析

1. 任务思考

(1) 赵先生二次购房，以改善家庭住房为目的，会比较在意房源什么特性?

（2）在首付宽裕前提下，赵先生能购买月供多少元的房？

2. 思想提升

经纪活动中，客户需求是经纪人一切活动的出发点，应该如何在匹配房源过程中体现以客户为中心的初心？

3. 任务实施

（1）步骤1：房源特性分析

任务要求	依据购房目的确定满足客户需求的房源特性。
任务安排	回顾客户需求确定项目知识，课前完成结果分析。
分析结果	

（2）步骤2：购买力分析

任务要求	依据客户家庭月总收入分析客户月供还款能力。
任务安排	回顾客户需求确定项目知识，课前完成结果分析。
分析结果	

4. 任务评价

评价指标	评价内容	分值	自评	互评	教师评价
学习过程	能够按时在线签到	5			
	能够完成知识回顾学习，并在线自测	25			
	小组内讨论并课前完成活动	20			
作业	客户需求分析合理	25			
	客户购买力计算准确并分析合理	25			

子任务2 匹配房源

1. 活动思考

（1）在需求房源特性较多情况下，如何匹配房源？

（2）带看房源一天准备几套比较合适？

2. 思想提升

货比三家，在给客户准备房源时，要考虑是否方便客户做决定，如何在匹配房源时提前做到避免客户看房后出现选择困难症？

3. 活动实施

（1）步骤1：购房区域确定

任务要求	依据客户工作地点和孩子就学确定购房区域。
任务安排	采用××地图查找客户工作地点并划定合理购房区域范围。
确定结果	

（2）步骤2：价格合适房源筛选

任务要求	依据客户月供能力筛选合适房源。
任务安排	在合理购房区域范围内，依据月供筛选房源。
筛选结果	

（3）步骤3：条件合适房源筛选

任务要求	依据客户购房需求筛选合适房源。
任务安排	在依据月供筛选房源范围内，根据购房需求进行二筛。
筛选结果	

（4）步骤 4：房源排序

任务要求	将满足前 3 个条件的房源按从优到劣排序。
任务安排	对二筛后的房源按从优到劣进行排序，优选带看前 3 套。
排序结果	

4. 活动评价

评价指标	评价内容	分值	自评	互评	教师评价
学习过程	能够按时在线签到	5			
	能够完成线上知识学习，并在线自测	25			
	小组内讨论并确定结果	25			
作业	购房区域划定合理	15			
	房源筛选价格符合	15			
	房源筛选条件符合	15			

子任务 3　模拟致电预约房东看房时间与地点

1. 任务思考

（1）客户周六有空看房，应该如何高效跟房东确定时间？

（2）约看房时间，在客户和房东都方便的情况下，是否需要考虑房源具体情况？

2. 任务实施

（1）步骤 1：致电前准备

任务要求	依据客户时间，准备好预约电话说辞。
任务安排	撰写致电说辞。
致电说辞	

（2）步骤 2：致电

任务要求	有效致电，注意礼仪。
任务安排	2 人一组，完成致电预约展示。
致电展示	课堂展示。

3. 活动评价

评价指标	评价内容	分值	自评	互评	教师评价
学习过程	能够按时在线签到	5			
	能够完成线上知识学习，并在线自测	25			
	小组内讨论并完成说辞撰写	25			
作业	说辞完整	15			
	运用提问技巧	15			
	电话礼仪规范	15			

工作任务 2　设计看房路线并分析商圈及房源优劣势

子任务 1　设计看房路线

1. 任务思考

（1）为节约客户看房时间，带客户看房时抄近道，是否合适？理由是什么？

（2）什么样的路线才能称得上是看房的好路线？

2. 任务实施

（1）步骤 1：房源排序

任务要求	横向对比要带看的 3 套房源，按优劣排序。
任务安排	将需要带看的房源信息汇总、排序，并说明排序理由。
房源情况及排序理由	

（2）步骤2：带看路线设计

任务要求	遵循路线设计原则，按选中房源情况设计带看路线。
任务安排	以××地图为底图，绘制看房路线。
看房路线图（打印粘贴）	

3. 活动评价

评价指标	评价内容	分值	自评	互评	教师评价
学习过程	能够按时在线签到	5			
	能够完成线上知识学习，并在线自测	25			
	小组内讨论并确定看房路线	20			
作业	房源排序	25			
	看房路线	25			

子任务2 商圈及房源优劣势分析

1. 任务思考

（1）不同客户对商圈要求不同，本任务中赵先生对商圈的要求是什么？

（2）作为二次购房的赵先生，本次购房比较看重房源哪些属性？

2. 任务实施

（1）步骤1：商圈分析

任务要求	依据1.4.3节中商圈调研内容，对匹配房源所在商圈进行分析。
任务安排	结合赵先生需求，按顺序分析3套房源对应商圈。
商圈分析	房源1： 房源2： 房源3：

(2) 步骤 2：房源优劣势分析

任务要求	在房源信息描述基础上，分析 3 套房源优劣势。
任务安排	结合赵先生的需求，按序分析 3 套房源优劣势。
房源分析	房源 1： 房源 2： 房源 3：

3. 活动评价

评价指标	评价内容	分值	自评	互评	教师评价
学习过程	能够按时在线签到	5			
	能够完成线上知识学习，并在线自测	25			
	小组内讨论并完成商圈和房源分析	20			
作业	商圈分析	25			
	房源分析	25			

工作任务 3　梳理讲房方式和方法并讲房展示

1. 任务思考

(1) 结合赵先生购房目的和需求，总结本任务中讲房的关键点。

(2) 依据客户需求度确定讲房顺序，按上一任务中确定的要点，结合讲房内容，将讲房内容进行排序。

2. 任务实施

（1）步骤 1：讲房内容梳理

任务要求	结合房源特性和客户需求，梳理讲房内容。
任务安排	总结 3 套房源优势，结合赵先生改善购房目的，梳理出需要重点讲解的房源特性。
讲房内容	房源 1： 房源 2： 房源 3：

（2）步骤 2：讲房内容排序

任务要求	结合客户购房目的和购房需求，对要讲的房源特性进行排序。
任务安排	小组内讨论确定 3 套房源必讲特性排序。
讲房内容排序	房源 1： 房源 2： 房源 3：

（3）步骤 3：讲房展示

任务要求	撰写房源讲房内容。
任务安排	3 套房源自选 1 套撰写讲房内容。
讲房展示	课堂展示。

3. 活动评价

评价指标	评价内容	分值	自评	互评	教师评价
学习过程	能够按时在线签到	5			
	能够完成线上知识学习，并在线自测	15			
	小组内讨论并确定讲房内容和排序	20			
作业	讲房内容梳理	20			
	讲房内容排序	20			
	讲房展示	20			

工作任务 4　带看报告撰写

1. 任务思考

（1）带看是交易成功的关键，带看准备是否充分决定了带看是否成功，请问带看前的准备工作有哪些？

（2）带看后赵先生说回去和家人商量下，这种情况下，经纪人小李该如何处理？

2. 任务实施

任务要求	依据带看报告内容要求，详细撰写完成本任务所需要做的准备工作和跟进工作。
任务安排	按流程撰写带看报告，并填写《看房服务确认书》（见附录 4）。
带看报告	

3. 活动评价

评价指标	评价内容	分值	自评	互评	教师评价
学习过程	能够按时在线签到	5			
	能够完成线上知识学习，并在线自测	25			
	小组内讨论并完成带看报告	20			
作业	带看报告	35			
	填写《看房服务确认书》	15			

3.6 评价与总结

1. 评价

一级指标	二级指标	评价内容	分值	自评	互评	教师评价
工作能力	小组协作	能依据要求完成小组讨论与分析	5			
	实践能力	房源匹配和预约带看能力	10			
		带看路线设计和商圈及房源优势分析能力	10			
		讲房能力	10			
		带看报告撰写能力	10			
	表达能力	语言流畅，思维清晰，重点突出	5			
作业得分	职业岗位能力	房源匹配准确，能提高带看成功率	10			
		带看路线设计合理	10			
		商圈及房源分析客观、准确	10			
		讲房内容能契合客户需求和购房目的	10			
		带看报告总结完整	10			

2. 总结

房源匹配和预约带看能力	进步	
	欠缺	
带看路线设计和商圈及房源优势分析能力	进步	
	欠缺	
讲房能力	进步	
	欠缺	
带看报告撰写能力	进步	
	欠缺	

3.7 企业专家在线指导

专家姓名	工作单位	指导意见

项目4　税费测算与贷款建议

4.1　工作任务导入

客户要求	客户看房后，对其中一套房源有意向，委托经纪人测算购买成本。
企业要求	按照客户需求，依据“1+X”新居住数字化经纪服务要求，签署《购房意向书》（见附录5、附录6），测算税费及交易成本，依据客户情况给出贷款建议。
工作任务要求	**任务要求：**帮助客户和业主谈妥售价，测算交易税费，依据客户情况给出贷款方式和还款方式建议，并根据客户的选择测算出首付比例、贷款额度及月供额度。 **任务步骤：** （1）与客户签署《购房意向书》 （2）测算交易税费 （3）依据客户情况给出贷款建议，包括贷款方式和还款方式 （4）根据客户贷款方式和还款方式的选择，测算首付比例、贷款额度及月供额度 **建议学时：8学时** 工作任务1　《购房意向书》签署（2学时） 工作任务2　交易税费测算（2学时） 工作任务3　贷款建议（2学时） 工作任务4　购房成本测算（2学时）
工作标准	“1+X”新居住数字化经纪服务（中级技能） （1）交易税费测算 （2）购房贷款建议 对接方式：交易税费及贷款建议实训对接在线评估测算与贷款建议要求。

4.2　小组协作与分工

课前：请同学们根据异质分组原则分组协作完成工作任务，并在下面表格中写出小组同学特长与角色分配。

组名	成员姓名	特长	角色分配

4.3 知识导入

(1) 签署《购房意向书》之后买方不买了能否要回购买意向金?
(2) 不同的房源交易需要缴纳的税费种类和额度一样吗?
(3) 交易税费高是否会影响房源销售或客户购买决定?
(4) 贷款方式有哪些?
(5) 还款方式有哪些?
(6) 不同还款方式的选择依据是什么?

4.4 知识准备

4.4.1 购房意向书签署

4.4.1.1 购房意向书

1. 种类

(1) 买卖双方签署
(2) 买方、卖方和居间方三方签署

2. 内容

(1) 房屋概况
① 坐落;
② 建筑面积;
③ 不动产权证号。
(2) 支付方式
① 总价:大写、小写;
② 支付方式:一次性付款、商业贷款、公积金贷款、组合贷款;
③ 首付款金额,支付时间;
④ 税费及居间服务费承担方式。
(3) 甲方权利与义务
(4) 乙方权利与义务
(5) 丙方责任与权利
(6) 甲乙丙三方共同约定(包括签署房屋转让合同时间)
(7) 违约责任

4.4.1.2 购房意向书签署

1. 意向金收取

(1) 买卖双方签署

买卖双方签署的《购房意向书》(见附录5),意向金由卖方收取,转让合同签订后,意向金转为购房款。

(2) 买方、卖方和居间方三方签署

买方、卖方和居间方三方签署的《购房意向书》(见附录6),意向金由居间方收取,买方与居间方签订《购房意向书》时，一式四份，买方一份，居间方三份。自卖方签字（盖章）后，居间方所持三份交买方（买方前所持文本自然废止，以有卖方签字文本为准）、卖方各一份，居间方持一份，各份合同具有同等法律效力。卖方接受买方的购买条件并签署意向书后，意向金转为购房定金。

2. 意向金返还

（1）买卖双方签署

《购房意向书》签署后，至房屋转让合同签署前，因买方原因导致转让合同无法签署，卖方不予退还定金；因卖方原因导致转让合同无法签署，卖方应双倍退还定金。

（2）买方、卖方和居间方三方签署

《购房意向书》签署后，至卖方签字前，买方不可无故要求退还意向金；买方支付意向金后，若卖方不愿签订《购房意向书》的，则意向金由居间方在三个工作日之后无息退还给买方。卖方签字后，意向金转为定金，因买方原因导致转让合同无法签署，卖方不予退还定金；因卖方原因导致转让合同无法签署，卖方应双倍退还定金。

4.4.2 交易税费测算（以杭州市二手房交易税费政策为例）

4.4.2.1 税费构成

1. 买方

（1）契税

① 住宅：90m²（含）以下：首套：1%、二套：1%；

② 住宅：90m² 以上：首套：1.5%、二套：2%；

③ 非住宅/单位：3%。

（2）印花税

① 非住宅：0.025%；

② 单位购买：0.05%。

（3）土地出让金

① 划拨土地：土地使用权面积×土地等级对应的金额（一级 600 元、二级 500 元、三级 400 元、四级 300 元、五级 200 元）；

② 非住宅划拨土地按土地评估价的 55%缴纳。

（4）代办费（产权登记、贷款代办服务等）：1200 元。

（5）经纪服务费

采用分档累进计算：0～100 万元（含）：1.5%；100 万元（不含）以上：1%。

2. 卖方

（1）个人所得税

① 住宅：未满五年或非家庭唯一住房：1%或差额×20%；满五年且唯一免征；

② 主城区、余杭区非住宅：1%或差额×20%；

③ 萧山区非住宅：2%或差额×20%；

④ 富阳区非住宅：1.2%或差额×20%。

（2）印花税

① 非住宅：0.025%；

② 单位出售：0.05%。

（3）增值税及附加

① 个人唯一住宅：满 2 年免交；

② 个人不唯一住宅：不满 5 年按计税价×5.3％，满 5 年免交；

③ 个人非住宅：差额的 5.3％；

④ 单位：差额的 5.6％；

⑤ 余杭区自建房：全额的 5.6％。

（4）土地增值税

① 个人非住宅：主城区 0.5％，余杭区、萧山区 1％，富阳区 1％或差额 30％；

② 单位出售：主城区及萧山区按 5％或（计税价—扣除项目金额）×四级超率累进税率；余杭区及富阳区的单位，建议自行申报缴纳。

需要注意的是，土地增值税纳税方式需与个税一致，个税按全额计税则土地增值税也按全额计税，个税按差额计税则土地增值税也按差额计税。

（5）经纪服务费

采用分档累进计算：0～100 万元（含）：1.5％；100 万元（不含）以上：1％。

4.4.2.2 税费计算

房源 1：二套住宅，满 2 唯一，85m^2，成交价 480 万元。

买家：

（1）契税：4.8 万元

（2）印花税：免征

（3）土地出让金：免征

（4）代办费：1200 元

（5）经纪服务费：5.3 万元

卖家：

（1）个人所得税：4.8 万元

（2）印花税：免征

（3）增值税及附加：免征

（4）土地增值税：免征

（5）经纪服务费：5.3 万元

房源 2：首套住宅，满 2 不唯一，85m^2，成交价 480 万元。

买家：

（1）契税：4.8 万元

（2）印花税：免征

（3）土地出让金：免征

（4）代办费：1200 元

（5）经纪服务费：5.3 万元

卖家：

（1）个人所得税：4.8 万元

（2）印花税：免征

（3）增值税及附加：25.44 万元

（4）土地增值税：免征

（5）经纪服务费：5.3万元

通过对比得知，房源持有年限、客户购房次数会影响交易税费税率选取，甚至是否需要缴纳，所以在选择房源时，是否满2年、满5年，是否需要缴纳增值税和个人所得税，成为判断房源性价比的关键指标。

4.4.3 贷款建议

4.4.3.1 贷款方式（以杭州市购房贷款政策为例）

1. 商业贷款

（1）贷款对象

具有完全民事行为能力的中国公民，在中国大陆有居留权的具有完全民事行为能力的港澳台自然人，在中国大陆境内有居留权的具有完全民事行为能力的外国人。

（2）贷款额度

第一套住宅：70%；第二套住宅：40%；商用房：50%。

（3）贷款利率

2020年8月12日，工行、建行、农行、中行和邮储五家国有大行同时发布公告，于8月25日起对批量转换范围内的个人住房贷款，按照相关规则统一调整为LPR（贷款市场报价利率）定价方式。

LPR指的是贷款市场报价利率（Loan Prime Rate），是由具有代表性的报价行，根据本行对最优质客户的贷款利率，以公开市场操作利率（主要指中期借贷便利利率）加点形成的方式报价，由中国人民银行授权全国银行间同业拆借中心计算并公布的基础性的贷款参考利率，各金融机构应主要参考LPR进行贷款定价。

现行的LPR包括1年期和5年期以上两个品种。LPR市场化程度较高，能够充分反映信贷市场资金供求情况，使用LPR进行贷款定价可以促进形成市场化的贷款利率，提高市场利率向信贷利率的传导效率。

2022年上半年LPR见图4.1。

2022年1月：1年期LPR为3.7%，5年期以上LPR为4.6%；

2022年2月：1年期LPR为3.7%，5年期以上LPR为4.6%；

2022年3月：1年期LPR为3.7%，5年期以上LPR为4.6%；

2022年4月：1年期LPR为3.7%，5年期以上LPR为4.6%；

2022年5月：1年期LPR为3.7%，5年期以上LPR为4.45%；

2022年6月：1年期LPR为3.7%，5年期以上LPR为4.45%。

图4.1 2022年上半年LPR

（4）贷款材料

① 身份证件复印件（居民身份证、户口簿、军官证，在中国大陆有居留权的境外、国外自然人为护照、探亲证、返乡证等居留证件或其他身份证件）；

② 贷款行认可的借款人偿还能力证明资料；

③ 合法有效的购买（建造、大修）住房合同、协议及相关批准文件；

④ 借款人用于购买（建造、大修）住房的自筹资金的有关证明；

⑤ 房屋销（预）售许可证或楼盘的房地产权证（现房）（复印件）；

⑥ 贷款行规定的其他文件和资料。

2. 公积金贷款

（1）贷款对象

具有有效身份证明，参加了住房公积金制度的职工，且公积金正常缴交；符合杭州公积金贷款条件，连续缴纳公积金不少于 1 年；配偶一方申请了公积金贷款，未结清贷款前，配偶双方都不可以再申请公积金贷款。

（2）贷款额度

职工单人缴存住房公积金的，杭州市区、桐庐县、建德市可贷额度为 60 万元，淳安县可贷额度为 48 万元；夫妻双方缴存住房公积金的，杭州市区可贷额度为 120 万元，桐庐县可贷额度为 96 万元，淳安县、建德市可贷额度为 84 万元。具体职工个人可贷额度根据职工申请贷款时近 12 个月住房公积金账户月均余额的规定倍数计算确定，且不超过上述额度标准。

计算公式为：职工个人可贷额度 ＝ 职工住房公积金账户月均余额×倍数。

其中：

职工住房公积金账户月均余额为职工申请住房公积金贷款时近 12 个月（不含申请当月）的住房公积金账户月均余额（不含近 12 个月的一次性补缴），不足 12 个月的按实际月数计算；

杭州市主城区、萧山区、余杭区、临平区、富阳区、临安区的倍数目前按 15 倍确定；职工个人可贷额度计算结果四舍五入，精确到千位。

（3）贷款利率

① 公积金贷款的利率执行中国人民银行 2015 年公布的基准利率。

② 目前公积金贷款基准利率五年以下为 2.75％，五年以上为 3.25％。

③ 办理公积金贷款时一般需要缴纳一年以上公积金才能使用。

（4）贷款材料

填写《杭州市住房公积金个人贷款申请表》，提供申请人及其配偶、房屋产权共有人的身份证、户口簿、婚姻证明、收入证明、家庭住房情况证明以及相应购房证明等材料。购买二手房的，在签订合同（付款方式为按揭贷款）、支付首付款后，办理房产交易过户手续前，提出贷款申请，提供房屋转让合同、首付款收据（发票）或现金缴款单、出让方的不动产权证书、委托代理合同、资金监督支付协议书。

3. 组合贷款

借款人因住房公积金贷款额度不足，可同时申请公积金组合贷款，经公积金中心和委贷银行批准同意后，由借款人、公积金中心、委贷银行共同签订担保借款合同，借款人所购住房同时抵押给公积金中心和委贷银行。组合贷款中商业贷款的期限、担保方式、还款方式应与公积金贷款一致。

（1）贷款条件

必须符合住房公积金管理部门有关公积金贷款的规定和银行有关个人住房贷款的规定。组合贷款中公积金贷款部分的贷款条件、额度、年限、利率以及办理程序，与现行公积金贷款的规定一致；商业性贷款部分按各商业银行的贷款规定执行。

（2）贷款额度

公积金个人住房贷款和银行自营性个人住房贷款合计最高为所购住房销售价格或评估价值（以两者较低额为准）的80%，其中公积金个人住房贷款最高额度须按照当地住房资金管理部门的有关规定执行。

（3）贷款利率

所贷款项中的商业性个人住房贷款部分按照个人住房贷款利率执行，公积金贷款部分按照个人住房公积金贷款利率执行。

（4）贷款材料

① 借款人本人及配偶有效身份证件、户籍证明、婚姻状况证明；

② 借款人本人及配偶职业、收入情况证明；

③ 商品房买卖合同或房屋转让合同；

④ 首付款证明材料；

⑤ 公积金缴纳证明材料；

⑥ 银行要求的其他资料。

4.4.3.2 还款方式

1. 等额本息

等额本息指在还款期内，每月偿还同等数额的贷款（包括本金和利息），即把按揭贷款的本金总额与利息总额相加，然后平均分摊到还款期限的每个月中，每个月的还款额是固定的，但每月还款额中的本金比重逐月递增、利息比重逐月递减。

等额本息贷款采用的是复合利率计算。在每期还款的结算时刻，剩余本金所产生的利息要和剩余的本金（贷款余额）一起被计息，也就是说未付的利息也要计息。它是公认的适合放贷人利益的贷款方式，所以也是大部分银行长期推荐的方式。

每月的还款额相同，从本质上来说是本金所占比例逐月递增，利息所占比例逐月递减，月还款数不变，即在月供“本金与利息”的分配比例中，前半段时期所还的利息比例大、本金比例小。还款期限过半后逐步转为本金比例大、利息比例小。

还款额计算公式为：

$$A = [P \times i(1+i)^n]/[(1+i)^{n-1}] \tag{4-1}$$

式中，A 为月还款额；P 为贷款金额；i 为贷款利率；n 为计息次数。

特点：月还款额固定，本金逐月增加，利息逐月递减。

等额本息的优点是每月还款额相同，方便安排收支，适合经济条件不允许前期还款投入过大，收入处于较稳定状态的借款人。缺点是需要付出更多的利息。不过前期所还的金额大部分为利息，还款年限过半后本金的比例才增加，不适合提前还款。

2. 等额本金

等额本金还款法即借款人每月按相等的金额（贷款金额/贷款月数）偿还贷款本金，每月贷款利息按月初剩余贷款本金计算并逐月结清，两者合计即为每月的还款额。

等额本金贷款采用的是简单利率方式计算利息。在每期还款的结算时刻，它只对剩余的本金（贷款余额）计息，也就是说未支付的贷款利息不与未支付的贷款余额一起作利息计算，而只有本金才作利息计算。

每月的还款额减少，呈现逐月递减的状态；它是将贷款本金按还款的总月数均分，再加上上期剩余本金的利息，这样就形成月还款额，所以等额本金法第一个月的还款额最多，然后逐月减少，越还越少。

计算公式为：

$$月还款额=月供本金\ A+月供利息\ I_n \tag{4-2}$$

$$A = P/n \tag{4-3}$$

$$I_n = A_n \times I \tag{4-4}$$

式中，A 为月供本金；P 为贷款总额；n 为贷款期数；A_n 为当月剩余本金；I 为月利率；I_n为月供利息。

特点：月还款本金固定，利息逐月递减，本息和逐月递减。

等额本金的优点是相对于等额本息的总利息较少。还款金额每月递减，后期越还越轻松。由于前期偿还的本金比例较大，利息比例较少，所以很适合提前还款。缺点是前期还款压力较大，需要有一定经济基础，能承担前期较大还款压力。

4.4.4 购房成本测算

4.4.4.1 首付比例

杭州购房贷款政策下商业贷款和公积金贷款首付比例规定，详见图 4.2。

<table>
<tr><th>户籍地</th><th colspan="2">房产/贷款情况</th><th>商业贷款首付比例</th><th>公积金贷款首付比例</th></tr>
<tr><td rowspan="6">杭州户籍</td><td rowspan="2">无房</td><td>无贷款记录</td><td>30%</td><td>30%</td></tr>
<tr><td>有贷款记录</td><td>60%</td><td>60%</td></tr>
<tr><td rowspan="3">有 1 套房</td><td>无贷款记录</td><td>60%</td><td>60%</td></tr>
<tr><td>有贷款记录</td><td>60%</td><td>60%</td></tr>
<tr><td colspan="3">单身（含离异）不可购房</td></tr>
<tr><td>有 2 套及以上</td><td colspan="3">不可购房</td></tr>
<tr><td rowspan="6">非杭州户籍</td><td rowspan="2">外地杭州均无房</td><td>无贷款记录</td><td>30%</td><td>30%</td></tr>
<tr><td>有贷款记录</td><td>60%</td><td>60%</td></tr>
<tr><td rowspan="3">外地有房杭州无房</td><td>无贷款记录</td><td>30%</td><td>30%</td></tr>
<tr><td>1 套在贷或已结清</td><td>60%</td><td>60%</td></tr>
<tr><td>2 套以上在贷</td><td colspan="2">不可贷款，需全款购买</td></tr>
<tr><td>杭州有房</td><td colspan="3">不可购房</td></tr>
</table>

图 4.2　购房贷款首付比例表

4.4.4.2 贷款额度

贷款额度即房价款扣除首付比例后剩余部分占房价款比例。具体贷款额度可依据客户情况，按照图4.2计算出首付比例后，用房价款扣除首付比例来计算。其中公积金贷款额度按照最新公积金贷款政策来考虑。

例如杭州无房无贷款的一对夫妻，双方均缴存了住房公积金，在杭州市区购买1套房价款为420万元的住房，首付比例为3成，即126万元，可贷额度为294万元，可申请组合贷款，公积金贷款额度为120万元，剩余174万元申请商业贷款。

4.4.4.3 月供

月供是指按照一定贷款方式、还款方式，在确定的贷款期限内客户每月需向银行偿还的贷款额度。贷款额度一定情况下，贷款方式不一样、贷款期限长短不同、还款方式不一样都会带来不同的月供数额。等额本息计算月供见式（4-1），等额本金计算月供见式（4-2）～式（4-4）。

4.5 工作任务实施

1. 工作情境描述

经纪人小李根据赵先生的收入情况和买二套房的购房目的，在App中匹配合适房源，并进行了带看，赵先生对其中一套房源有意向，想要知道意向房源交易所需税费、商业贷款20年需要承担月供。据了解，赵先生第一套房已用公积金贷款，尚在还款期。经纪人小李按照赵先生情况，为赵先生测算了房源税费，给出了贷款建议，按照商业贷款20年利率分别测算了等额本金和等额本息还款方式下的月供数额，并对选择何种还款方式给出专业建议。

2. 学习目标

素质目标：

（1）培养学生从客户需求出发贷款的思维

（2）培养学生善沟通、会表达的专业素质

知识目标：

（1）掌握《购房意向书》内容

（2）掌握购房意向金收取和退还规则

（3）掌握二手房交易税费构成

（4）掌握不同贷款方式贷款对象、条件、额度和所需材料

（5）掌握不同还款方式计算月供公式

技能目标：

（1）《购房意向书》签署

（2）二手房交易税费测算

（3）依据客户情况给予贷款建议

工作任务1 《购房意向书》签署

1. 任务思考

（1）赵先生对经纪人小李带看的其中一套房源感兴趣，看房后希望交定金以确保能买

下意向房源，但卖家当天没空，经纪人小李该怎么做才能确保赵先生能顺利完成交易？

(2) 购房意向书签署后，赵先生交了5万定金给经纪人，约定5天内经纪人找卖家签署《购房意向书》，但在赵先生签署后的第3天，卖家将房子交易给了另一个买家，赵先生的定金是否能拿回来？赵先生能否争取双倍定金退还？

2. 思想提升

一诺千金，诚信是交易的基础，请理解为什么要让客户签订《购房意向书》？

3. 任务实施

(1) 步骤1：《购房意向书》解释

任务要求	依据客户情况，选择《购房意向书》类型（见附录5、附录6），向客户解释相关条款。
任务安排	依据赵先生看中房源的客户情况，选择可签署的意向书，向赵先生解释意向书中条款，并挑选3条重要条款记录在表格中，说明需要重点解释理由。依据选择填写《购房意向书》。
重点条款解释	条款： 理由： 条款： 理由： 条款： 理由：

(2) 步骤2：《购房意向书》签署

任务要求	《购房意向书》相关方签字。
任务安排	组织赵先生和相关方签署《购房意向书》，并收取赵先生定金，代为保管卖家不动产权证书。
任务总结	1. 收取定金的原因有哪些？违约后定金处置方式是怎样的？ 2. 代为保管卖家不动产权证书的原因是什么？

4. 任务评价

评价指标	评价内容	分值	自评	互评	教师评价
学习过程	能够按时在线签到	5			
	能够完成知识回顾学习，并在线自测	25			
	小组内讨论并完成活动	20			
作业	《购房意向书》条款解释合理、理由充分	25			
	《购房意向书》签署后续任务分析合理	25			

工作任务 2　交易税费测算

1. 活动思考

1. 同小区房源交易税费种类是否一致？

2. 交易税费为什么能成为宏观调控房地产市场的工具？

2. 思想提升

税费是国家宏观调控的重要工具，国家为什么要对房地产市场频繁宏观调控？

3. 活动实施

（1）步骤 1：税种确定

任务要求	依据房源情况确定需要缴纳的税费种类。
任务安排	依据赵先生所购房源属性，确定该套房源交易所需要缴纳的税费种类，并写在表格内。
税费种类	买家： 卖家：

(2) 步骤 2：税率确定

任务要求	依据赵先生情况和所购房源情况确定所需缴纳税种税率。	
任务安排	赵先生是二次购房，选用二次购房对应税率和房源面积对应税率，并记录在表格中。	
税率确定	税种	税率

(3) 步骤 3：税费测算

任务要求	依据确定税种和税率测算税费。
任务安排	依据赵先生情况和意向购买房源情况测算交易税费，将税费测算过程记录在表格中，并填写《二手房交易税费预算清单》。
税费测算过程	

二手房交易税费预算清单

买方税费			卖方税费		
税种	预算金额	计算方式	税种	预算金额	计算方式
契税		住宅：90m²（含）以下：首套：1%；二套：1% 住宅：90m² 以上：首套：1.5%；二套：2%； 非住宅/单位：3%	个人所得税（简称：个税）		住宅：未满五年或非家庭唯一住房：1%或差额×20%；满五年且唯一免征 主城区、余杭区非住宅：1%或差额×20% 萧山非住宅：2%或差额×20% 富阳非住宅：1.2%或差额×20%
印花税		非住宅：0.025% 单位购买：0.05%	印花税		非住宅：0.025% 单位出售：0.05%
土地出让金		划拨土地：土地使用权面积×土地等级对应的金额（一级 600 元，二级 500 元，三级 400 元，四级 300 元，五级 200 元） 非住宅划拨土地按土地评估价的 55%缴纳 萧山区、余杭区、富阳区划拨土地出让金请咨询交易服务中心	增值税及附加		个人唯一住宅：满 2 年免交；不满 2 年按计税价×5.3% 个人不唯一住宅：满 5 年免交；不满 5 年按计税价×5.3% 个人非住宅：差额的 5.3% 单位：差额的 5.6% 余杭自建房：全额 5.6%

续表

买方税费			卖方税费		
税种	预算金额	计算方式	税种	预算金额	计算方式
代办费		1200 元	土地增值税（单位产权及非住宅缴纳）		个人非住宅：主城区 0.5%，余杭区、萧山区 1%，富阳区 1%或差额×30% 单位出售：主城区及萧山按区 5%或（计税价—扣除项目金额）×四级超率累进税率，余杭区及富阳区的单位：建议自行申报缴纳 注意：土地增值税纳税方式需与个税一致，个税按全额计税则土地增值税按全额计税，个税按差额计税则土地增值税按差额计税
经纪服务费		分档累进计算：0～100 万元（含）：1.5% 100 万元（不含）以上：1%	经纪服务费		分档累进计算：0～100 万元（含）：1.5% 100 万元（不含）以上：1%
评估费			评估费		余杭区、萧山区部分非住宅需办理评估
买方税费合计			卖方税费合计		
买方代付卖方费用			卖方代付买方费用		
买方应付预估费用合计			卖方应付预估费用合计		
以上费用仅为估算费用，具体费用以相关部门开具的发票为准，多还少补。					
单位产权按企业性质不同必须在交易前自行申报企业增值税 5%～13%不等，提供增值税发票（一式五联）。					
温馨提醒：单位产权出售另需自行申报房产税、房产税滞纳金、企业所得税。					
买方签字			卖方签字		

4. 活动评价

评价指标	评价内容	分值	自评	互评	教师评价
学习过程	能够按时在线签到	5			
	能够完成线上知识学习，并在线自测	20			
	小组内讨论并确定结果	20			
作业	税种确定正确	20			
	税率选用正确	15			
	税费测算准确	20			

工作任务3 贷款建议

1. 任务思考

（1）购房贷款时，客户有几种方式可以选择？

（2）不同贷款方式选择，是依据什么来确定的？

（3）签署贷款合同时，客户是否可以选择还款方式？常用住房贷款还款方式有哪些？

（4）选择何种还款方式，依据是什么？

2. 思想提升

在合同签署过程中，常有客户要求将合同价填的比实际交易价高，目的是为了套取更多的贷款来支付交易税费。如果有客户提出类似要求，经纪人该如何去做？

3. 任务实施

（1）步骤1：贷款方式和贷款期限确定

任务要求	依据客户情况，确定贷款方式和贷款期限。
任务安排	依据赵先生情况，确定贷款方式和贷款期限，并说明贷款方式选择依据和贷款期限确定依据。
贷款方式和贷款期限确定	贷款方式： 贷款方式选择依据： 贷款期限： 贷款期限确定依据：

（2）步骤 2：还款方式确定

任务要求	依据客户收入情况，确定还款方式。
任务安排	依据赵先生家庭生命周期和家庭收入情况，选择还款方式。
还款方式确定	还款方式： 还款方式选择依据：

4. 活动评价

评价指标	评价内容	分值	自评	互评	教师评价
学习过程	能够按时在线签到	5			
	能够完成线上知识学习，并在线自测	20			
	小组内讨论并确定贷款方式和还款方式	15			
作业	贷款方式确定合理	20			
	贷款期限确定合理	20			
	还款方式确定合理	20			

工作任务 4　购房成本测算

1. 任务思考

（1）购房成本包括哪些项目？

（2）作为经纪人，经常询问客户预算，这个预算指的是什么？真正影响客户是否购买的是什么费用？

2. 思想提升

生活质量会影响家庭和谐度，和谐是社会稳定的基础，在为客户测算购房成本时，经纪人怎么做有助于客户家庭和谐？

3. 任务实施

（1）步骤1：首付确定

任务要求	依据客户情况，确定最低首付比例。
任务安排	赵先生购买二套房，按最新政策，确定首付比例和首付金额。
首付确定	意向房源首付比例： 意向房源首付金额：

（2）步骤2：月供确定

任务要求	依据确定的贷款方式、贷款年限和还款方式，测算月供。
任务安排	依据上一任务中确定的赵先生购房贷款方式、贷款年限和还款方式，选用对应公式，计算意向房源每月需还贷款额。
月供测算	

4. 活动评价

评价指标	评价内容	分值	自评	互评	教师评价
学习过程	能够按时在线签到	5			
	能够完成线上知识学习，并在线自测	25			
	小组内讨论并确完购房成本	20			
作业	首付比例和额度确定	25			
	月供测算	25			

4.6 评价与总结

1. 评价

一级指标	二级指标	评价内容	分值	自评	互评	教师评价
工作能力	小组协作	每项任务小组能依据要求完成小组讨论与分析	5			
	实践能力	《购房意向书》解释与签署能力	10			
		交易税费测算能力	10			
		贷款和还款方式确定能力	10			
		购房成本测算能力	10			
	表达能力	语言流畅，思维清晰，重点突出	5			

续表

一级指标	二级指标	评价内容	分值	自评	互评	教师评价
作业得分	职业岗位能力	《购房意向书》解释合理，填写准确	10			
		交易税费测算准确	15			
		贷款和还款方式选择合理	10			
		购房成本测算准确	15			

2. 总结

《购房意向书》解释与签署能力	进步	
	欠缺	
交易税费测算能力	进步	
	欠缺	
贷款和还款方式确定能力	进步	
	欠缺	
购房成本测算能力	进步	
	欠缺	

4.7　企业专家在线指导

专家姓名	工作单位	指导意见

项目5　合同签订与佣金管理

5.1　工作任务导入

客户要求	《购房意向书》签署后，买卖双方按约定时间到公司总部签订《房屋转让合同》，完成购房资金安全交接。
企业要求	按照《购房意向书》约定时间，依据“1＋X”新居住数字化经纪服务要求，邀约买卖双方带好相关资料到公司总部签署房屋转让合同。合同签署后，协助买方做好贷款面签，协助卖方做好交易资金安全交付。按约定向客户收取佣金。
工作任务要求	任务要求：按客户类型，邀约买卖双方在《购房意向书》约定的时间内带上相应资料完成合同签订，并协助履行合同，做好交易资金监管，并收取经纪佣金。 任务步骤： （1）网签准备 （2）在线签约 （3）贷款面签 （4）交易资金监管 （5）经纪佣金收取 建议学时：8学时 工作任务1　网签准备（2学时） 工作任务2　在线签约（2学时） 工作任务3　贷款面签（2学时） 工作任务4　交易资金监管（1学时） 工作任务5　经纪佣金收取（1学时）
工作标准	“1＋X”新居住数字化经纪服务（中级技能） （1）在线签约 （2）交易资金监管 对接方式：签约实训对接在线签约要求。

5.2　小组协作与分工

课前：请同学们根据异质分组原则分组协作完成工作任务，并在下面表格中写出小组同学特长与角色分配。

组名	成员姓名	特长	角色分配

5.3　知识导入

(1) 签订合同时买卖双方需要带什么资料?
(2) 不同类型客户签约需要准备的资料相同吗?
(3) 签约时到场的相关方有哪些?
(4) 首付款什么时候交合适? 是交给卖方还是交给经纪方?
(5) 尾款什么时候付? 先交付房子还是先支付尾款?
(6) 佣金什么时候付? 按什么标准付?

5.4　知识准备

5.4.1　网签准备

5.4.1.1　网签准备

1. 签约人员准备

(1) 买卖双方

若房源是共有产权的，共有权人均需在场。买方已婚的，夫妻双方也均需到场。

(2) 居间方

居间方人员一般指的是经纪人和签约专员。

2. 签约时间

签约时间一般依据《购房意向书》中约定时间来定。

3. 签约地点

签约地点一般在经纪公司总部签约部门。

4. 签约前提条件准备

签约前提条件主要包括以下几项:

(1) 客户具备购房资质
(2) 完成房源信息查询
(3) 买卖双方签署《房地产经纪服务合同（房屋出售)》并完成备案
(4) 已缴纳经纪服务费用，买卖双方就房屋价格、付款方式等协商一致

5.4.1.2　资料准备

1. 签署房屋买卖合同需要的备件

(1) 卖方

卖方所需资料有：身份证明、出售房源的权属证明。若房源权利人只有1人，但为夫妻共有，经纪人还应查看卖方婚姻证明，请权利人配偶签署《配偶同意出售证明》。

常见的身份证明有第二代身份证；军人可以提供军官证、军警身份证；武警可以提供警官证、武警证；我国香港/澳门地区居民可以是港澳居民来往内地通行证、港澳居民身份证或港澳居民居住证；我国台湾地区居民可以是台湾居民来往大陆通行证和台湾居民居住证；外国居民的是护照。

常见的婚姻证明：已婚的提供结婚证；未婚的提供单身声明；离婚需提供离婚证或离

婚协议书；经法院判决或调解离婚的，提供判决书或调解书及生效证明；丧偶的提供配偶死亡证明。

常见的房屋权属证明包括房屋所有签证、不动产权证书、购房合同、购房发票及契税票等。

（2）买方

买方需要提供身份证明。常见的身份证明同前文。

2. 买方需要准备的材料

（1）购买人、共同购买人及其配偶身份证件

（2）购买人家庭户口簿含未成年小孩，即全套户口簿

（3）未成年小孩出生证明（若有）

（4）婚姻证明

（5）银行卡

（6）其他

① 持本市工作居住证的家庭需提供本市工作居住证；

② 社保或个税满足购房资质的非本市户籍人士需提供有效的社保或税单；

③ 军人或现役武警家庭需提供军官证或警官证；

④ 外籍人士需准备：护照、劳动合同、社保或者税单；

⑤ 买方为公司时需准备：法定代表人身份证、三证合一的公司营业执照、组织机构代码证、税务登记证、公司委托书、代理人身份证。

3. 卖方需要准备的材料

（1）出售人及配偶、其他共有权人身份证

（2）出售人及配偶、其他共有权人户口簿，即全套户口簿

（3）婚姻证明

（4）不动产权证

（5）银行卡

（6）其他

① 售后公房需提供：公有住房出售专用票据，同住人信息表，公有住房出售合同；

② 若是公司产权，需提供：不动产权证、三证合一的公司营业执照、公司章程、股东会/董事会决定、法定代表人身份证、委托书（加盖公章）、受托人身份证、公司账号（加盖公章）；

③ 征收安置房需提供：征收协议、配套商品房供应单。

5.4.2 在线签约

5.4.2.1 网签前工作

1. 合同条款商定

需要买卖双方商定的合同条款内容主要有：价格、付款方式、交割方式和违约责任等。

2. 合同条款解释

经纪人需要向买卖双方逐条解释合同条款及填写规定。

3. 合同条款填写

网签前纸质合同上就买卖双方信息、房源信息及商定的合同条款进行填写。

5.4.2.2　客户确认《房屋转让合同》会签单信息

确认《房屋转让合同》会签单信息，主要注意几个时间节点：

1. 首付款支付时间

一般在转让合同签订后 5～7 个工作日内买家支付首付款，最好是明确具体的日期。逾期不支付列入违约责任。

2. 房屋权属转移登记时间

房屋权属转移登记时间一般是在买方首付款支付后且贷款申请通过后。

3. 贷款面签与贷款发放时间

贷款发放时间受政策、银行额度等因素影响是不确定的，卖方对尾款到账时间有要求的，可以由买卖双方协商写入合同中，经纪人应当提醒买方慎重决定。

4. 户口迁出时间

若卖方户口在出售房源中，合同中最好约定卖方户口迁出时间，例如权属转移登记之后 30 日内。

5.4.2.3　网签

（1）在线录入买卖双方确认的合同内容

（2）打印正式网签合同并签署

5.4.2.4　撤销 /变更网签

网签后若因买卖双方其中一方原因需要撤销的需要由买卖双方协商决定，共同同意才可以撤销，协商不一致的，申请撤销一方可以去法院诉讼。签约后，需要撤销/变更网签的情形主要有：

（1）买方家庭成员变更

（2）付款方式变更，包括全款变商业贷款、公积金贷款变商业贷款且贷款额增加、商业贷款变更为公积金贷款。公积金贷款变商业贷款且贷款额减少或不变的、商业贷款/公积金贷款变更为全款，且网签合同价不变的，无需注销

（3）买卖双方一方代理人变更

（4）成交价（网签价）金额变更

（5）房屋买卖合同解除

（6）满足购房条件后，社保或者税单满足条件后需变更买卖合同

5.4.2.5　网签后工作

网签后买卖双方需按照合同约定内容开始履行合同，需要重点注意的几项工作有：

（1）首付款支付

（2）贷款申请与审核

（3）房屋权属转移登记

（4）贷款发放

（5）物业交割

（6）收取佣金

5.4.3 贷款面签

5.4.3.1 面签准备

1. 资料准备

（1）购房合同

（2）贷款人证件，包括身份证、户口本、结婚证、收入证明、银行流水、征信报告等

2. 资料要求

（1）收入证明

商业贷款时要求开具收入证明，收入证明一般要求是房贷月供加负债的 2 倍及以上，也就是说贷款人的月收入应达到房贷月供的 2 倍以上。但是开收入证明的时候要以实际工资收入为准，不能过分夸大，开具的收入证明要加盖公司公章或人事公章。

（2）银行流水

在办理房贷时通常需要提供近半年的银行流水，对于工薪阶层银行主要看流水、每月的账户余额以及账户的日均余额，对于企业业主、个体商户银行主要看借款人的进出账目、固定存款余额等，通常家庭收入流水需要在房贷月供的 2 倍以上，银行才会审批贷款。但是很多城市超过一定数额月供才需要开具银行流水，且各银行标准不一样。以杭州为例，一般月供高于 15000 元才需要开具银行流水。

5.4.3.2 面签

1. 面谈

贷款申请人携带合法有效证件原件及贷款所需其他材料，到银行面谈，银行面谈时会告知购房者权利义务及贷款协议重要条款。

2. 签字

充分面谈后，贷款申请人当着银行信贷经理的面签署银行贷款协议。

5.4.4 交易资金监管

5.4.4.1 资金监管账户

1. 含义

资金监管账户，是指买卖双方的交易资金不直接通过经纪公司，而是由房地产行政主管部门会同银行、具有担保资质的机构在银行开立的资金监管专用账户进行划转，该账户属于银行。

2. 资金监管条件

当规定期限内购房者过户后，该资金将划转到原业主的账户下，否则将划转到购房者账户下，因此资金监管需要买卖双方都在监管银行开有账户。

3. 存在意义

银行是资金的监管主体，从而保障了买卖双方的交易资金安全，维护了买卖双方的权益。

5.4.4.2 资金监管

1. 资金监管的流程

（1）交易双方，签订买卖合同及资金监管协议

（2）客户方将网签合同内非贷款部分的资金存入资金监管账户

（3）交易双方到交易中心办理完成综合预受理（过户），银行凭综合预受理收件单将

客户方贷款部分资金划转至资金监管账户

(4) 客户方领取房产证与《不动产权登记证明》

(5) 监管公司将监管资金划付至业主的账户

2. 资金监管的备件

(1) 双方身份证明原件及复印件

(2) 委托人及代理人（若有）身份证明原件及复印件

(3) 业主方房产证原件及复印件

(4) 买卖合同原件

(5) 业主方收款账户

(6) 客户方退款卡

5.4.5 经纪佣金收取

5.4.5.1 经纪佣金收取标准

2014年12月17日，《国家发展改革委关于放开部分服务价格意见的通知》（发改价格〔2014〕2755号）发布。该通知规定，房地产经纪服务收费，由政府指导定价转变为由市场主体通过协商确定。所以，房地产经纪收费标准，目前没有国家标准，具体收费多少，由交易当事各方按照以往政府规定和市场惯例协商确定。

以杭州为例，按照《杭州市物价局 杭州市住保房管局转发浙江省物价局 浙江省住房与城乡建设厅关于放开房地产咨询和经纪收费管理的通知》（杭价服〔2014〕132号）规定，房屋买卖居间代理费收费标准采用分档累积法计算，100万元（含）及以下部分买卖双方各1.5%，100万元以上部分买卖双方各1%。房屋租赁居间服务费收费标准为承租房与出租方各支付月租金的50%。

5.4.5.2 经纪佣金收取

1. 经纪佣金收取时间

按照《中介服务收费管理办法》规定，中介机构向委托人收取中介服务费，可在确定委托关系后预收全部或部分费用，也可与委托人协商约定在提供服务期间分期收取或在完成委托事项后一次性收取。以杭州为例，经纪服务费在签署房屋买卖合同当日收取。

2. 经纪佣金承担方

依据《中华人民共和国民法典》第九百六十三条规定，因中介人提供订立合同的媒介服务而促成合同成立的，由该合同的当事人平均负担中介人的报酬。但是法律没有禁止合同当事人以合同条款形式约定由双方或单方来承担经纪佣金。以杭州为例，由合同约定买方承担全部经纪佣金。

3. 经纪佣金发票开具

收取佣金后，经纪机构财务部门要及时给客户开具服务佣金发票。

5.5 工作任务实施

1. 工作情境描述

在赵先生签署《购房意向书》后，经纪人小李在预定期限内找到卖家王先生签署了

《购房意向书》，交易意向达成。按照《购房意向书》约定的合同签订时间，经纪人小李邀约赵先生和王先生带上签约需要资料来到公司总部签约部门，向客户解释合同条款，协助买卖双方协商具体条款内容，签约完成后，按照合同要求，小李协助赵先生办理贷款，指导完成交易资金监管，并按标准收取经纪佣金。

2. 学习目标

素质目标：

（1）培养学生严谨、规范的办事思维

（2）培养学生善沟通、会表达的专业素质

知识目标：

（1）掌握网签资料要求和流程

（2）掌握贷款资料要求和面签流程

（3）掌握交易资金监管流程和条件

（4）掌握经纪佣金收取标准和时机

技能目标：

（1）网签准备及网签

（2）贷款资料准备及面签

（3）交易资金监管

（4）经纪佣金收取

工作任务 1　网 签 准 备

1. 任务思考

（1）买卖双方交易意愿明确后，是否可以直接签约？

（2）交易房源是王先生婚后购买，产权证上只有王先生一人名字，是否不需要王先生爱人同意，王先生也可以出售房源吗？

2. 思想提升

交易房源权利人是未成年人的，到场签约的相关方是谁？

3. 任务实施

（1）步骤 1：邀约卖家按时到场签约

任务要求	按照经纪业务流程，买卖双方交易意愿明确后，经纪人邀约卖家到公司签约。
任务安排	依据王先生房源情况，向王先生说清楚签约时间、地点、所需携带材料，并将材料清单写在表中。
邀约重点	时间： 地点： 材料清单：

(2) 步骤2：邀约买家按时到场签约

任务要求	按照经纪业务流程，买卖双方交易意愿明确后，经纪人邀约买家到公司签约。
任务安排	依据赵先生情况，向赵先生说清楚签约时间、地点、所需携带材料，并将材料清单写在表中。
邀约重点	时间： 地点： 材料清单：

(3) 步骤3：签约前完成《房地产经纪服务合同（房屋出售）》签署

任务要求	网签的前提条件之一是《房地产经纪服务合同（房屋出售）》（见附录7）已签署并登记完成。
任务安排	经纪方、赵先生和王先生共同签署《房地产经纪服务合同（房屋出售）》。
合同填写	详见《房地产经纪服务合同（房屋出售）》。

4. 任务评价

评价指标	评价内容	分值	自评	互评	教师评价
学习过程	能够按时在线签到	5			
	能够完成知识回顾，并在线自测	15			
	小组内讨论并完成活动	20			
作业	卖家邀约	20			
	买家邀约	20			
	签署《房地产经纪服务合同（房屋出售）》	20			

工作任务2　在线签约

1. 活动思考

(1) 签约时到场的相关方有哪些？

（2）首付款什么时候付合适？

2. **思想提升**

签约时，客户要求合同价格按低于成交价格填写，以达到避税的目的，经纪人应该怎么做？

3. **活动实施**

（1）步骤1：合同条款协商

任务要求	签约前，就需要买卖双方协商的合同条款进行协商确定。
任务安排	依据赵先生和王先生的具体情况，协商价格、付款方式、首付款支付时间、权属转移登记时间、物业交割时间和方式、户口迁出时间、违约责任等内容，将协商结果记录在表格中。
协商结果	价格： 付款方式： 首付款支付时间： 权属转移登记时间： 物业交割时间和方式： 户口迁出时间： 违约责任：

（2）步骤2：合同条款解释

任务要求	经纪人向客户解释房屋买卖合同内容。
任务安排	经纪人小李向赵先生和王先生解释双方协商外的其他条款及填写要求。将重要条款解释记录在表格中。
条款解释	

（3）步骤3：合同签订

任务要求	买卖双方依据协商内容和填写要求完成合同填写。
任务安排	完成《杭州市房屋转让合同》（见附录8）填写。
合同填写	详见《杭州市房屋转让合同》。

4. 活动评价

评价指标	评价内容	分值	自评	互评	教师评价
学习过程	能够按时在线签到	5			
	能够完成线上知识学习，并在线自测	20			
	小组内讨论并完成活动	15			
作业	协商内容	20			
	条款解释	20			
	合同填写	20			

工作任务3　贷 款 面 签

1. 任务思考

（1）开具收入证明时，有没有最低要求？是否越多越好？

（2）收入证明和银行流水都在月供2倍以上，但是贷款申请人还有车贷和其他负债，是否需要扣除？扣除后不够2倍，是否会影响房贷申请？

2. 思想提升

贷款面签时需要准备收入证明、银行流水和征信报告，客户收入证明和银行流水不够支付所购房源月供的2倍，委托经纪人帮忙想办法，经纪人该怎么处理？

3. 任务实施

（1）步骤1：贷款资料准备

任务要求	依据银行贷款要求，指导买家准备贷款申请材料。
任务安排	指导赵先生按银行要求准备贷款申请材料，并填在表格中。
贷款材料	

（2）步骤 2：贷款面签

任务要求	准备好贷款材料后，客户要到相应银行提交材料，贷款面签。
任务安排	模拟贷款面签，学习填写《个人贷款客户面谈面签记录》（见附录 9）。
面签	详见《个人贷款客户面谈面签记录》。

4. 活动评价

评价指标	评价内容	分值	自评	互评	教师评价
学习过程	能够按时在线签到	5			
	能够完成线上知识学习，并在线自测	20			
	小组内讨论并完成活动	20			
作业	贷款材料准备	25			
	贷款面签	30			

工作任务 4　交易资金监管

1. 任务思考

（1）首付款付给谁？

（2）尾款是在交房前付还是交房后付？怎么支付才能保障双方财产安全？

2. 思想提升

交易资金第三方监管的目的是什么？不监管会带来哪些风险？

3. 任务实施

（1）步骤 1：资金监管材料准备

任务要求	为保障交易资金安全，二手房交易实行交易资金监管，经纪人指导交易方按要求准备资金监管材料。
任务安排	经纪人小李指导赵先生和王先生按照要求准备资金监管材料，并将材料清单列在表格中。
材料清单	

（2）步骤2：《二手房交易资金监管服务协议》签署

任务要求	交易双方签署《二手房交易资金监管服务协议》。
任务安排	经纪人小李指导交易双方签署《二手房交易资金监管服务协议》（见附录10）。
协议签署	详见《二手房交易资金监管服务协议》。

4. 活动评价

评价指标	评价内容	分值	自评	互评	教师评价
学习过程	能够按时在线签到	5			
	能够完成线上知识学习，并在线自测	25			
	小组内讨论并完成活动	20			
作业	资金监管材料	25			
	《二手房交易资金监管服务协议》	25			

工作任务5 经纪佣金收取

1. 任务思考

（1）给付经纪佣金的前提条件是什么？

（2）杭州目前经纪佣金怎么付？谁付？按什么标准付？

2. 思想提升

很多经纪机构通过降低收费标准来提高自身竞争力，这么做会带来怎样的后果？

3. 任务实施

（1）步骤1：经纪佣金计算

任务要求	经纪服务内容完成，按照《房地产经纪服务合同（房屋出售）》约定，经纪人计算佣金。
任务安排	经纪人小李按杭州经纪佣金标准计算佣金，计算过程记录在表格内。
佣金计算过程	买方： 卖方： 总计：

（2）步骤 2：经纪佣金给付

任务要求	按惯例和《房地产经纪服务合同（房屋出售）》约定，经纪人向佣金承担方收取佣金。
任务安排	按惯例和《房地产经纪服务合同（房屋出售）》约定，经纪人向客户收取佣金。具体承担方和给付流程记录在表格内。
佣金给付	承担方： 佣金收取时间： 佣金收取总额： 佣金给付后事项：

4. 活动评价

评价指标	评价内容	分值	自评	互评	教师评价
学习过程	能够按时在线签到	5			
	能够完成线上知识学习，并在线自测	25			
	小组内讨论并完成活动	20			
作业	佣金计算	25			
	给付流程	25			

5.6 评价与总结

1. 评价

一级指标	二级指标	评价内容	分值	自评	互评	教师评价
工作能力	小组协作	每项任务小组能依据要求完成小组讨论与分析	5			
	实践能力	签约准备能力	10			
		签约能力	10			
		贷款面签能力	10			
		交易资金监管能力	10			
		经纪佣金计算与收取能力	5			
	表达能力	语言流畅，思维清晰，重点突出	5			
作业得分	职业岗位能力	签约材料准备齐全	10			
		合同内容和签约流程熟悉	10			
		贷款材料准备齐全	10			
		交易资金监管材料准备齐全	10			
		经纪佣金测算准确	5			

2. 总结

签约准备能力	进步	
	欠缺	
签约能力	进步	
	欠缺	
贷款面签能力	进步	
	欠缺	
交易资金监管能力	进步	
	欠缺	
经纪佣金计算与收取能力	进步	
	欠缺	

5.7　企业专家在线指导

专家姓名	工作单位	指导意见

项目6 物业交割与售后服务

6.1 工作任务导入

客户要求	房屋买卖合同签署后，客户向经纪公司支付了代办费，客户顺利办理贷款并获批后，请求经纪人协助办理房屋产权过户，待尾款到账后，请求经纪人协助完成物业交割。
企业要求	按照房屋买卖合同约定时间，依据“1+X”新居住数字化经纪服务要求，首付款到账贷款审批后，协助客户办理产权过户；待客户贷款尾款到账后，协助买卖双方办理物业交割，并处理签约后客户提出来的因经纪服务内容带来的任何问题。
工作任务要求	任务要求：按照房屋买卖合同约定内容，协助买卖双方办理权属转移；尾款到账后，通知买卖双方房屋内物业交割，无误后三方签字，卖方凭物业交割单领取尾款。经纪服务内容到此全部完成，但售后服务刚开始，接下来，经纪人要处理好客户提出的因经纪服务内容带来的一切问题。 任务步骤： （1）产权过户 （2）物业交割 （3）售后服务 建议学时：6学时 工作任务1　产权过户（2学时） 工作任务2　物业交割（2学时） 工作任务3　售后服务（2学时）
工作标准	“1+X”新居住数字化经纪服务（中级技能） （1）满意度调查 （2）投诉处理 对接方式：投诉处理实训对接品质管理要求。

6.2 小组协作与分工

课前：请同学们根据异质分组原则分组协作完成工作任务，并在下面表格中写出小组同学特长与角色分配。

组名	成员姓名	特长	角色分配

6.3 知识导入

（1）什么时候办理产权过户？
（2）产权过户后房子就可以交给买家了么？
（3）什么时候交房比较合适？
（4）尾款什么时候支取？
（5）物业交割后，因房子带来的问题，经纪人是否有义务帮助解决？
（6）经纪人接到客户的投诉电话，该怎么处理？

6.4 知识准备

6.4.1 产权过户

6.4.1.1 产权过户所需资料

1. 原件材料

（1）卖方

① 身份证
② 户口簿
③ 结婚证
④ 房屋转让合同
⑤ 原不动产权证书原件（若产权证上未标注土地性质的，须提供国有土地使用证明文件）

（2）买方

① 身份证
② 户口簿
③ 结婚证
④ 房屋转让合同
⑤ ××市房产交易产权登记申请表

2. 按揭贷款材料

按揭贷款买房的，需要同步办理抵押权变更登记，提供借款抵押合同等相关银行贷款材料原件，抵押权人（银行）也需同时在场。

3. 委托办理材料

如人在外地，无法到场办理登记手续的，可以到公证机构办理委托公证，委托他人办理房屋出售和不动产登记手续。产权登记时，由受托人携带本人身份证、不动产权、委托公证书等相关材料到场办理。

6.4.1.2 产权过户流程

1. 递交材料

申请人持上述有关材料，到交易中心办事大厅受理窗口登记受理，经办人在核准资料无误后，出具“房产交易产权登记受理单”（以下简称“受理单”）交由申请人收执。

2. 缴纳契税

申请人在受理单标注的领证日期之后持相关资料的复印件到交易中心办事大厅窗口办理契税手续。

3. 缴纳登记费和交易手续费

申请人携“受理单”“‘销售不动产专用发票’申办交易联原件”“纳税申报受理单”“契税专用交款书”及身份证原件到缴费窗口缴纳登记费和交易手续费后在发证窗口领证。

6.4.2 物业交割

6.4.2.1 物业交割内容

物业交割是房屋过户完毕之后，原房主和新房主办理房产相关水、电、天然气、有线电视、供暖等费用结清和固定资产的交付。其主要内容有：

（1）水表查验及水费结清

（2）电表查验及电费结清

（3）燃气表查验及燃气费结清

（4）供暖协议变更及供暖费结清

（5）物业协议变更及物业费结清

（6）有线电视过户及有线电视费结清

（7）电话费结清情况

（8）户口迁出情况

6.4.2.2 物业交割具体操作

1. 物业交割时间

买卖双方约好物业交割的时间，杭州目前一般为尾款到监管账户后3个工作日内，如有特殊情况，买卖双方协商物业交割日期。

2. 物业交割到场人员

买卖双方、经纪人。

3. 物业交割流程

（1）原业主腾空房子

（2）清点屋内设施设备

比如清点房屋附属设施、设备、装修及附赠家电、家具的验收。建议在交房时对以上事项进行验收，其中比较容易忽视的是下水道堵塞和墙面渗水等问题。附赠的家电、家具要根据合同约定进行验收，建议在合同中明确所赠家具、家电的数量和品牌，或者采用图像资料作为合同附件。

（3）清点费用

① 水、电、燃气：如果是卡式，将卡插入表中读出剩余数字即可结清相关费用；如是读表，将表数抄写记录，向业主索要最后一次缴费凭证。

② 供暖（若有）：到房屋所在供暖公司或是房主原产权单位查证，并向业主索要最后一次缴费凭证。

③ 物业费：买卖双方到房屋所在物业公司落实停车费、有线电视费等相关物业费用的结清。

（4）有线电视过户及有线电视费结清

有线电视一般实行“一户一卡”制，因此在交房时，房主需提供上月的“有线电视费收据凭证”及“有线电视初装凭证”。凭上述两种资料和新的“房地产权证”可到房屋所在地的街道有线电视站办理过户手续。

（5）户口迁出

一般要求客户在办理物业交割之前办理完毕户口迁出手续，如有特殊情况，卖方暂时不能将户口迁出的，也要让卖方做出书面承诺。如果允许，可以留部分押金以制约。

（6）签署《物业交割清单》

（7）钥匙、门卡等交接

（8）到物业公司办理物业更名

6.4.3　售后服务

6.4.3.1　售后服务内容

1. 回访及跟踪服务

比如成交后给买卖双方以短信的形式回访表示感谢，了解是否还有其他需要帮助的事情；客户重要日子短信或微信祝福；在搬家、装修等事项上给予一定的资源支持和专业建议等。

2. 投诉处理

对于投诉处理一般经纪公司有专门客服部门负责，但如果客户因为交易后发现问题投诉到经纪人处，经纪人也应当按照公司的规则和流程给予反馈，即便转移到相关部门处理，也应当及时跟进并向客户反馈。

6.4.3.2　投诉处理流程

1. 投诉受理

不论是经纪人还是客服受理客户投诉后，应及时反馈给相关部门或门店处理。

2. 投诉响应

受理投诉后，应积极响应客户诉求，平息客户怨气，听取客户描述的事实，判定责任，沟通讨论解决方案，必要时由企业官方介入。

3. 投诉处理

（1）根据投诉调查和投诉定责，沟通协商确定投诉处理方案

（2）执行投诉处理方案，例如道歉、解约、赔偿、垫付等

（3）赔付，例如贝壳找房有先行赔付制度，符合要求可执行损失先行赔付

（4）执行投诉处理时效，例如贝壳找房平台用户企业及其门店与经纪人应在3～5个工作日内予以处理

6.5　工作任务实施

1. 工作情境描述

赵先生和房东签署房屋买卖合同后，交付了首付款，并递交材料申请贷款，贷款审批后，委托经纪人协助办理权属转移；贷款发放到账后，经纪人邀约买卖双方房屋内进行物业交割，无误后三方签字，卖方凭《物业交割清单》领取尾款。经纪服务内容到此全部完成，售后服务开始，接下来，经纪人要处理好客户提出的因经纪服务内容带来的一切

问题。

2. 学习目标

素质目标：

（1）培养学生严谨、规范的思维

（2）培养学生善沟通、会表达的专业素质

知识目标：

（1）掌握产权登记资料要求和流程

（2）掌握物业交割流程

（3）掌握售后服务内容

（4）掌握投诉处理流程

技能目标：

（1）产权过户

（2）物业交割

（3）投诉处理

工作任务1　产 权 过 户

1. 任务思考

（1）产权过户是否可以代办？如可以代办应怎么操作？

（2）产权过户材料递交完成后，买方是否可以主张卖方交钥匙？

2. 思想提升

登记是房产权属转移的证明，为什么过户登记后，不能直接进行物业交割？

3. 任务实施

（1）步骤1：邀约卖家按时到场递交材料

任务要求	按照经纪业务流程，买卖双方签署合同后，买方首付款已支付且贷款审批通过后，可以办理权属转移登记。
任务安排	赵先生在买卖合同签订后，支付首付款并递交了贷款申请材料，贷款审批通过后，委托经纪人邀约卖方到房地产交易中心办理产权过户。
邀约重点	登记时间： 登记地点： 材料清单：

（2）步骤2：提醒买家准备过户材料

任务要求	按照经纪业务流程，买卖双方合同签署后，买方首付款已支付且贷款审批通过后，可以办理权属转移登记。
任务安排	赵先生在买卖合同签订后，支付首付款并递交了贷款申请材料，贷款审批通过后，委托经纪人协助办理产权过户，经纪人提醒买家准备过户材料。
提醒重点	登记时间： 登记地点： 材料清单：

（3）步骤3：现场递交材料办理登记

任务要求	按照经纪业务流程，买卖双方签署合同后，买方首付款已支付且贷款审批通过后，可以办理权属转移登记。
任务安排	经纪方、赵先生和王先生共同到交易中心办理产权过户登记。请将过户登记流程记录在表格中。
过户登记流程	

4. 任务评价

评价指标	评价内容	分值	自评	互评	教师评价
学习过程	能够按时在线签到	5			
	能够完成知识回顾学习，并在线自测	15			
	小组内讨论并完成活动	20			
作业	卖家邀约	20			
	买家提醒	20			
	登记流程	20			

工作任务2 物 业 交 割

1. 活动思考

（1）产权过户后房子就可以交给买家了吗？

（2）房子什么时候交付给买家合适？

2. 思想提升

物业交割后，经纪业务完成，经纪人是否不用再联系客户和理会客户诉求？

3. 活动实施

（1）步骤1：物业交割

任务要求	按照经纪业务流程，买家贷款尾款发放后，经纪人可邀约买卖双方进行物业交割。
任务安排	赵先生贷款尾款发放到资金监管账户后，经纪人带着《物业交割清单》（见附录11），邀约王先生和赵先生到房屋内进行物业交割。请将具体交割内容填入表格内。
物业交割内容	

（2）步骤2：物业交割单填写

任务要求	物业交割完成后，买卖双方和经纪方共同签署《物业交割单》（见附录11）。
任务安排	王先生和赵先生完成物业交割后，在经纪人准备的《物业交割清单》中签字确认。
物业交割单	《物业交割清单》内容学习与填写。

4. 活动评价

评价指标	评价内容	分值	自评	互评	教师评价
学习过程	能够按时在线签到	5			
	能够完成线上知识学习，并在线自测	20			
	小组内讨论并完成活动	20			
作业	物业交割	30			
	填写《物业交割清单》	25			

工作任务3　售后服务

1. 任务思考

（1）售后服务才是服务的开始，怎么理解这句话？

（2）物业交割后，经纪人还能怎么为客户服务？

2. 思想提升

客户是最好的销售人员，经纪人如何能让客户成为自己的销售人员？

3. 任务实施

任务要求	经纪业务完成后，售后服务开始，投诉是售后一大主要任务，经纪人接到已成交客户投诉，应当按照公司投诉处理流程和标准进行处理。
任务安排	物业交割一段时候后，赵先生发现王先生未在约定时间内完成户口迁出，与王先生协商未果，投诉至经纪人处，经纪人协助处理。请将处理流程和思路记录在表格中。
投诉处理	

4. 活动评价

评价指标	评价内容	分值	自评	互评	教师评价
学习过程	能够按时在线签到	5			
	能够完成线上知识学习，并在线自测	20			
	小组内讨论并完成活动	25			
作业	投诉处理	50			

6.6 评价与总结

1. 评价

一级指标	二级指标	评价内容	分值	自评	互评	教师评价
工作能力	小组协作	每项任务能依据要求完成小组讨论与分析	5			
	实践能力	过户登记能力	15			
		物业交割能力	15			
		售后服务能力	15			
	表达能力	语言流畅，思维清晰，重点突出	5			
作业得分	职业岗位能力	过户资料准备齐全	15			
		物业交割流程完整	15			
		投诉处理得当	15			

2. 总结

过户登记能力	进步	
	欠缺	
物业交割能力	进步	
	欠缺	
售后服务能力	进步	
	欠缺	

6.7 企业专家在线指导

专家姓名	工作单位	指导意见

附录 1

房屋出售经纪服务合同编号：______________

房屋状况说明书（房屋买卖）

房　屋　坐　落：________________________

房地产经纪机构：________________________

实地查看房屋日期：________________________

中国房地产估价师与房地产经纪人学会　推荐

年　月　日

说　明

一、本说明书文本由中国房地产估价师与房地产经纪人学会推荐，供房地产经纪机构编制房屋状况说明书参考使用。

二、本说明书经房屋出售委托人签名、房地产经纪机构盖章后生效。

三、编制本说明书前，应核对房屋出售委托人身份证明和房屋产权信息等资料，与委托人签订房屋出售经纪服务合同，到房地产主管部门进行房源信息核验，并实地查看房屋。

四、本说明书用于房地产经纪机构及其从业人员发布房源信息，向房屋意向购买人说明房屋状况，作为房地产经纪业务记录存档。

五、本说明书记载的内容应客观、真实，不得有虚假记载和误导性陈述，记载的房屋实物状况是实地查看房屋日期时的状况。在实际交接房屋时，如果房屋实物状况与本说明书记载的状况不一致，应以实际交接时的状况为准。

<table>
<tr><th colspan="4">房屋基本状况</th></tr>
<tr><td>房屋坐落</td><td></td><td>所在小区名称</td><td></td></tr>
<tr><td>建筑面积</td><td>______平方米</td><td>套内建筑面积</td><td>______平方米</td></tr>
<tr><td>户型</td><td>__室__厅__厨__卫
或其他__________</td><td>规划用途</td><td>□住宅　□其他________</td></tr>
<tr><td>所在楼层</td><td>________层</td><td>地上总层数</td><td>________层</td></tr>
<tr><td>朝向</td><td></td><td>首次挂牌价格</td><td>________万元</td></tr>
</table>

<table>
<tr><th colspan="5">房屋产权状况</th></tr>
<tr><td rowspan="3">房屋
所有权</td><td>房屋性质</td><td colspan="3">□商品房　□房改房　□经济适用住房　□其他______________</td></tr>
<tr><td>不动产权证书号
（或房屋所有权证号）</td><td colspan="3"></td></tr>
<tr><td>是否共有</td><td>□是　□否</td><td>共有类型</td><td>□共同共有　□按份共有</td></tr>
<tr><td>土地
权利</td><td>土地使有权
性质</td><td colspan="3">□出让　□划拨　□其他</td></tr>
<tr><td rowspan="2">权利受
限情况</td><td>是否出租</td><td>□是　□否</td><td>有无抵押</td><td>□有　□无</td></tr>
<tr><td>其他</td><td colspan="3"></td></tr>
</table>

<table>
<tr><th colspan="4">房屋实物状况</th></tr>
<tr><td>建成年份（代）</td><td></td><td>有无装修</td><td>□有　□无</td></tr>
<tr><td>供电类型</td><td>□民电　□商电
□工业用电　□其他</td><td rowspan="3">供水类型
（可多选）</td><td rowspan="3">□市政供水　□二次供水
□自备井供水　□热水
□中水　□其他</td></tr>
<tr><td>市政燃气</td><td>□有　□无</td></tr>
<tr><td>供热或采暖
类型</td><td>□集中供暖　□自采暖
□其他</td></tr>
<tr><td>有无电梯</td><td>□有　□无</td><td>梯户比</td><td>____电梯（或楼梯）____户</td></tr>
</table>

续表

房屋区位状况			
距所在小区最近的公交站及距离	站点名称：______ 距离：______米以内	距所在小区最近的地铁站及距离	站点名称：______ 距离：______米以内
周边小学名称		周边中学名称	
周边幼儿园名称		周边医院名称	
周边有无嫌恶设施	□大型垃圾场站 □公共厕所 □高压线 □丧葬设施（殡仪馆、墓地） □其他______ □无		
需要说明的其他事项			
有无物业管理	□有 □无	物业服务企业名称	
物业服务费标准	______元/（平方米·月）	有无附带车位随本房屋出售	□有 □无
有无户口	□有 □无	不动产权属证书发证日期	____年____月____日
契税发票填发日期	____年____月____日	房屋所有权人购房合同签订日期	____年____月____日
房屋所有权人家庭在本市有无其他住房	□有 □无		
有无不随本房屋转让的附着物	□买卖双方协商 □无 □有，具体为：______		
有无附赠的动产	□买卖双方协商 □无 □有，具体为：______		
其他			
户型示意图			
房源信息核验完成日期	____年____月____日	房屋出售委托人签名	
房地产经纪人员签名		房地产经纪机构盖章	

填　表　说　明

1. 房屋出售经纪服务合同编号填写本房屋对应的房屋出售经纪服务合同的编号。

2. 房屋坐落填写不动产权属证书（含不动产权证书、房屋所有权证）上的房屋坐落。

3. 房地产经纪机构填写编制本说明书的房地产经纪机构名称，而非其分支机构的名称。

4. 实地查看房屋日期填写房地产经纪人员进行房屋实勘的日期。

5. 不动产权属证书上未标注套内建筑面积的，可不填套内建筑面积。

6. 填写内容有选项的，在符合条件的选项前的□中打√。

7. 建成年份（代）填写不动产权属证书上的建成年份，未标注具体年份的，可粗略填写，如20世纪90年代。

8. 周边中小学、幼儿园名称填写房屋所在行政区域内，周围2千米范围内的相应设施名称。

9. 周边医院名称，填写房屋周围2千米范围内的相应设施名称。

10. 周边有无嫌恶设施项中，大型垃圾场站、公共厕所处于房屋所在楼栋300米范围内的，应勾选；高压线处于房屋所在楼栋500米范围内的，应勾选；丧葬设施处于房屋所在楼栋2千米范围内的，应勾选。

11. 户型示意图要注明各空间的功能，并标注指北针等。

12. 房源信息核验完成日期填写房地产主管部门出具房源信息核验结果的日期。

13. 凡是有签名项的，应由相关当事人亲笔签名。

附录 2

出售房屋委托协议

委托方（以下简称甲方）：____________________身份证号：____________________

受托方（以下简称乙方）：____________________

甲、乙双方本着自愿、平等、诚实信用的原则，经双方共同协商，就甲方委托乙方按下列条件居间出售房屋事宜达成如下协议：

一、房屋基本状况：

1. 房屋坐落：____；

建筑面积：______m^2；建成年份：____________；土地使用证编号：____________；

户型：____室____厅____卫；权属：□私房　□房改房　□经济适用房

2. 装修状况：____________________，附属设施：______________________________

3. 抵押情况：□无　□有

租赁情况：□无　□有（租期至________年____月____日）

4. 挂牌总价：人民币__________万元（￥________）

二、委托方式与期限：

□非独家委托，期限自委托日起至房屋交易成功时止。

□独家委托，期限自委托日起至______年____月____日止，在此期间甲方不能同时委托其他中介机构从事与乙方相同的任务，同时甲方将获得中介机构出售方顾客服务保证书上的所有服务。

甲方同意在乙方需要时可委托第三方或与第三方共同完成甲方委托的事务。

三、甲方/代理人确认：

甲方确认：具有出售房屋的权利，无权利纠纷，并经共有权人一致同意出售上述房屋。

代理人确认：甲方及共有权人一致同意出售上述房屋，无权利纠纷，同时具有甲方书面的委托书。

甲方/代理人对其所提供的房屋信息的真实性、准确性负责。

四、甲方（包括关联方）承诺：

在乙方居间服务过程中，不得做损害乙方权益的行为（如：与乙方经纪人带看的买受方（包括关联方）交换联系方式、私下签订买卖合同、经第三方居间签订买卖合同）。甲方委托乙方代为收取并保管买受方交付的定金。

五、乙方承诺：

乙方发布的信息与甲方提供的信息一致。妥善保管三证，积极为甲方寻找合适的买受方，促成交易，保证不赚取非法差价。

六、中介服务费：

杭州市物价局制定的房产中介服务收费标准见××网站及店内明示。

七、违约条款：

甲方违反本协议约定的按照出售房屋挂牌总价的3%作为违约金。在甲方与乙方介绍的买受方达成交易意向并支付交易定金后，买受方违约的，甲方同意将没收的交易定金的50%支付给乙方作为服务补偿。

八、关联方：

包括甲方配偶、父母、子女、代理人及看房随行人员。

九、协议生效：

本协议一式两份，甲、乙双方各执一份，经双方签字或盖章后生效。

十、纠纷处理：

本协议在履行过程中发生争议，协商不成的，提交杭州仲裁委员会仲裁。

十一、其他条款：

____

甲　　方：______________________ 乙　　方：______________________
代 理 人：______________________ 代 表 人：______________________
联络地址：______________________ 联络地址：______________________
电　　话：______________________ 电　　话：______________________
签约时间：______________________ 签约地址：______________________

附录 3

求购房屋委托协议

委托方（以下简称甲方）：__________________ 身份证号：_______________________

受托方（以下简称乙方）：__________________

甲、乙双方本着自愿、平等、诚实信用的原则，经双方共同协商，就甲方委托乙方按下列条件居间求购房屋事宜达成如下协议：

一、求购房屋：

区域范围	建筑面积	户型	楼层范围	装修要求	建筑类型	价格范围
	至				□多层 □高层 □小高层 □排屋 □别墅	

二、委托期限与方式：

□非独家委托，期限自委托日起至房屋交易成功时止。

□独家委托，期限自委托日起至____年__ 月__ 日止，在此期间甲方不能同时委托其他中介机构从事与乙方相同的任务。

甲方同意乙方在需要时可委托第三方或与第三方共同完成委托的事务。

三、甲方代理人承诺：

具有甲方求购房屋的书面委托。

四、甲方（包括关联方）承诺：

在乙方居间服务过程中，不得做损害乙方权益的行为（如：与乙方经纪人带看的出售方交换联系方式、私下签订买卖合同、经第三方居间签订买卖合同等）。甲方委托乙方代为收取并保管出售方交付的定金，待甲方与出售方签订正式买卖合同后，再由出售方取回或按居间协议处理。

五、乙方承诺：

积极为甲方寻找合适的房屋，并促成成交，保证不赚取非法差价，保证所发布的信息与出售方提供的信息一致。

六、中介服务费：

××市物价局制定的房产中介服务收费标准见公司网站及店内明示。

七、违约条款：

甲方违反本协议约定的，按照委托求购房屋总价的 3%作为违约金。在甲方与乙方介绍的出售方达成交易意向并支付交易定金后，出售方违约的，甲方同意将没收的交易定金的 50%支付给乙方作为服务补偿。

八、关联方：

包括甲方配偶、父母、子女、代理人及看房随行人员。

九、协议生效：

本协议一式两份，甲、乙双方各执一份，经双方签字或盖章后生效。

十、纠纷处理：

本协议在履行过程中发生争议，协商不成，甲、乙双方同意提交××仲裁委员会仲裁。

十一、其他条款：

____

甲　　方：______________________ 乙　　方：______________________

代 理 人：______________________ 代 表 人：______________________

联络地址：______________________ 联络地址：______________________

电　　话：______________________ 电　　话：______________________

签约时间：______________________ 签约地址：______________________

附录 4

看房服务确认书

经出售方同意，居间方＿＿＿＿＿＿＿＿＿＿＿＿＿＿＿公司（　　　）将下列房屋推荐给求购方，并按照下列时间与地点带求购方（包括关联方）实地察看房屋。求购方接受居间方的居间服务，并确认：在此次带看房屋前，没有任何一家中介代理机构及个人向求购方推荐和带看过下列表所列房屋。

带看时间	房 屋 地 址	求购方签名	经纪人签名
年　月　日			
年　月　日			
年　月　日			

求购方承诺：

1. 在带看服务前，同意出示有效证件并签订本服务确认单。

2. 不做任何损害居间方利益的行为，若有交易意向和居间方联系，由居间方出面商谈。

关联方：是指与求购方关系密切的人员，包括配偶、父母、子女、代理人等以及看房随行人员。

求购/求租方（签字）：　　　　　　　　身份证号：

关联方（签字）：　　　　　　　　身份证号：

附录 5

购房意向书 1

甲方（卖方）：____________________

乙方（买方）：____________________

甲、乙双方本着自愿、公平和诚实信用的原则，经协商一致，就乙方预订甲方出售的房屋事宜，达成如下协议：

1. 本合同房屋坐落：____

2. 乙方对预定房屋已充分了解，对房屋位置、质量、物业、配套、结构、户型、朝向、权属等情况完全知悉。

3. 乙方应于_____年_____月_____日之前到____________________与房屋产权人签署《××市房屋转让合同》。

4. 乙方向甲方支付意向金人民币__________元，作为履行本意向书规定的义务和承诺的担保，意向金为定金性质。在乙方与房屋产权人签署《××市房屋转让合同》后，该意向金转为乙方购房款的一部分。

5. 在本意向书第 3 条规定的预订期限内，乙方拒绝与房屋产权人签署《××市房屋转让合同》或者就《××市房屋转让合同》主要条款不能达成协议的，甲方有权没收乙方交付的意向金。

6. 在本意向书签署后到《××市房屋转让合同》签署前，甲方出售给第三人的，甲方应双倍退还购房意向金。

本协议一式 2 份。甲乙双方各持 1 份，自甲、乙双方签字之日起生效。

甲方（签字）：_________________　　　乙方（签字）：_________________

日期：________________________　　　日期：________________________

附录 6

购房意向书 2

甲方（买方）：

乙方（卖方）：

丙方（居间方）：×××房地产经纪有限公司

一、房屋概况

甲方通过丙方购买坐落于××市______________________ 的房屋（以下简称该房屋）。该房屋建筑面积_____ 平方米，不动产权证号为：_____________。

二、支付方式

1. 该房屋的转让总价为人民币（大写）___________元整（小写：¥_________）。该总价包含随屋赠送的_______________________________。

2. 甲方约定按以下方式支付房款：□一次性付款 □商业按揭 □公积金（□省□市）贷款或□组合贷款，首付款为人民币（大写）______________________________ 元整（小写：¥_______）。

3. 税费、居间服务费承担方式：____。

4. 买方首付款支付时间：____。

5. 其他____。

三、甲方权利和义务

1. 甲方为表示对丙方提供的房源购买诚意，愿意向丙方支付意向金合计人民币（大写）_______________元整（小写：¥_______）。

2. 待乙方接受甲方的购买条件并签署本意向书后，意向金转为购房定金。若甲方不依约履行，则无权要求返还定金。

3. 甲方支付意向金后，若乙方不愿签订本意向书的，则该意向金由丙方在三个工作日之后无息退还给甲方。

四、乙方权利和义务

1. 乙方接受甲方的购买条件并签署本意向书后，丙方所收意向金转为购房定金。若乙方不依约履行，则双倍返还定金。

2. 乙方保证该房屋其所有权无任何权属争议；如该房屋已出租，则该房屋之承租人已放弃优先购买权；如该房屋设置了抵押，则乙方须解除抵押手续。该房屋的权属证书应当齐全，并于《购房意向书》签订当日将该房屋的权属证书交于丙方保管。

3. 乙方同意交房给甲方。房屋交接时，乙方须结清该房屋在交房之前已产生的各项费用（包括水、电、物业、煤气、有线电视等费用），同时乙方须将该房屋内的户口迁出。

五、丙方责任及权利

1. 丙方应谨慎公正行使居间服务，妥善保管甲、乙双方的意向金及房屋权证，并善意促成甲、乙双方共同履行本意向书。

2. 促成甲乙双方签订《××市房屋转让合同》后，丙方有权向甲乙双方收取代理服务费共计人民币（大写）______________元整（小写：￥________）。

六、甲、乙、丙三方共同约定

1. 甲、乙双方同意在本意向书签字后，期限届满如甲方未前来签约的，乙方有权没收定金；如乙方未前来签约的，甲方有权要求双倍返还定金。

2. 在乙方签署意向书后，甲方要求解除本合同的，应书面提出。经乙方同意并就解除事项甲乙丙三方达成共识。不能达成共识的，甲方无权直接向丙方索回定金，甲方可通过诉讼或其他合法方式要求乙方返还。

3. 乙方签署本意向书后，要求解除本合同并取回房产权属证书的，应书面提出。经甲方同意并就解除事项甲乙丙三方达成共识，不能达成共识的，乙方可通过诉讼或其他合法方式解除本合同。甲方也有权通过诉讼不同意解除合同或追究乙方的违约责任。

自乙方书面提出解除合同并要求取回房产权属证书之日起十五日内甲方未提起诉讼的，十五日届满后丙方不再代管房产权属证书并返还给乙方。

七、违约责任

1. 本意向书经甲乙双方签字后，甲方或乙方违约，违约方应按房屋拟转让价的10%向对方支付违约金。

2. 本意向书经甲乙双方签字后，若因甲、乙单方或双方原因，导致该房屋不能成交，违约方应向丙方支付等同于双方合计代理费的金额作为违约金。

3. 甲、乙双方不得以不通过丙方的任何途径成交，否则丙方有权要求甲、乙双方按照实际成交价格的2%进行赔偿。

八、其他约定事项：____。

九、本意向书在履行中发生争议，应协商解决，协商不成的，可依法向丙方所在地人民法院提起诉讼。

十、由于不可抗力造成本意向书无法履行的，各方均不承担违约责任。

十一、甲方与丙方签订本意向书后，在甲丙之间生效，对甲丙具有约束力；自乙方签字（盖章）后，对甲乙丙三方均有约束力。

本意向书甲方与丙方签订时，一式四份，甲方一份，丙方持三份；自乙方签字（盖章）后，丙方所持三份中交甲方（甲方前所持文本自然废止，以有乙方签字文本为准）、乙方各持一份，丙方持一份，各份具有同样的法律效力。

甲方（签名）：	乙方（签名）：
代理人：	代理人：
电　话：	电　话：
地　址：	地　址：
日　期：	日　期：

丙方：

经纪人：	联系人：
联系地址：	电话：

附录 7

合同编号：______________

房地产经纪服务合同（房屋出售）

中国房地产估价师与房地产经纪人学会　推荐
年　月

说　　明

1. 为保护房屋出售委托人合法权益，规范房地产经纪服务行为，中国房地产估价师与房地产经纪人学会制定本合同文本，供房地产经纪机构与房屋出售委托人签订经纪服务合同参考使用。

2. 签订本合同前，房地产经纪机构应向房屋出售委托人出示自己的营业执照和备案证明。房屋出售委托人或其代理人应向房地产经纪机构出示自己的有效身份证明原件，以及不动产权证书或房屋所有权证原件或其他房屋来源证明原件，并提供复印件。房屋出售委托人的代理人办理房屋出售事宜的，应提供合法的授权委托书；房屋属于有限责任公司、股份有限公司所有的，应提供公司章程、公司的权力机构审议同意出售房屋的合法书面文件；房屋属于共有的，应提供房屋共有权人同意出售房屋的书面证明。

3. 签订本合同前，房地产经纪机构应向房屋出售委托人说明本合同内容，并书面告知以下事项：（1）应由房屋出售委托人协助的事宜、提供的资料；（2）委托出售房屋的市场参考价格；（3）房屋买卖的一般程序及房屋出售可能存在的风险；（4）房屋买卖涉及的税费；（5）经纪服务内容和完成标准；（6）经纪服务收费标准、支付方式；（7）房屋出售委托人和房地产经纪机构认为需要告知的其他事项。

4. 签订本合同前，房屋出售委托人应仔细阅读本合同条款，特别是其中有选择性、补充性、修改性的内容。本合同【 】中选择内容、空格部位填写及需要删除或添加的其他内容，合同双方应协商确定。【 】中选择内容，以划√方式选定；对于实际情况未发生或合同双方不作约定的，应在空格部位打×，以示删除。

5. 合同双方应遵循自愿、公平、诚信原则订立本合同，任何一方不得将自己的意志强加给对方。为体现合同双方自愿原则，本合同有关条款后留有空白行，供合同双方自行约定或补充约定。合同生效后，未被修改的文本打印或印刷文字视为合同双方同意内容。

房屋出售经纪服务合同

房屋出售委托人（甲方）：______________________________
【身份证号】【护照号】【营业执照注册号】【统一社会信用代码】【________】：
____
【住址】【住所】：______________________________
联系电话：______________________________
代理人：______________________________
【身份证号】【护照号】【________】：______________________________
住址：______________________________
联系电话：______________________________

房地产经纪机构（乙方）：______________________________
【法定代表人】【执行合伙人】：______________________________
【营业执照注册号】【统一社会信用代码】：______________________________
房地产经纪机构备案证明编号：______________________________
住所：______________________________
联系电话：______________________________

根据《中华人民共和国民法典》《中华人民共和国城市房地产管理法》《房地产经纪管理办法》等法律法规，甲乙双方遵循自愿、公平、诚信原则，经协商，就甲方委托乙方提供房屋出售经纪服务达成如下合同条款。

第一条 房屋基本状况

委托出售的房屋（以下称房屋）【不动产权证书号】【房屋所有权证号】【________】：
__________________；

房屋坐落：______________________________；
规划用途：【住宅】【商业】【办公】【__________】；

房屋权利凭证记载【建筑面积】【套内建筑面积】【________】：____ 平方米；

户型：__ 室__ 厅__ 厨__ 卫；朝向：______________________________；

所在楼层：________层；地上总层数：________ 层；电梯：【有】【无】。

第二条 委托挂牌价格

甲方要求房屋出售的挂牌【总价为________元（大写__________万元）】【单价为______元/平方米（大写______________元/平方米）】。

甲方如果调整挂牌价格，应及时通知乙方。

第三条 经纪服务内容

乙方为甲方提供的房屋出售经纪服务内容包括：

（一）提供相关房地产信息咨询；

（二）办理房屋的房源核验，编制房屋状况说明书；

（三）发布房屋的房源信息，寻找意向购买人；

（四）接待意向购买人咨询和实地查看房屋；

（五）协助甲方与房屋购买人签订房屋买卖合同；

（六）其他：____。

第四条 服务期限和完成标准

经纪服务期限【自____年____月____日起至____年____月____日止】【自本合同签订之日起至甲方与房屋购买人签订房屋买卖合同之日止】【__________】。

乙方为甲方提供经纪服务的完成标准为：【在经纪服务期限内，甲方与乙方引见的房屋购买人签订房屋买卖合同】【______________________________】。

第五条 委托权限

（一）在经纪服务期限内，甲方【放弃】【保留】自己出售及委托其他机构出售房屋的权利。（注：如果勾选【放弃】，则房屋在经纪服务期限内即使不是由乙方出售，甲方仍可能须向乙方支付经纪服务费用。因此，当勾选【放弃】时，甲方应谨慎考虑，并关注本合同第八条的违约责任。）

（二）甲方【同意】【不同意】在经纪服务期限内将房屋的钥匙交乙方保管，供乙方接待意向购买人实地查看房屋时使用。

第六条 经纪服务费用

（一）乙方达到本合同第四条约定的经纪服务完成标准的，经纪服务费用【全由甲方】【全由房屋购买方】【由甲方与房屋购买方分别】支付。

（二）由甲方支付的经纪服务费用，按【房屋成交总价的____%计收】【房屋成交总价分档计收，分别为：____________】【______________】。支付方式为下列第____种（注：只可选其中一种）：

1. 一次性支付，自乙方达到本合同第四条约定的经纪服务完成标准之日起____日内，支付经纪服务费用。

2. 分期支付，具体为：____。

3. 其他方式：____。

（三）如果因乙方过错导致房屋买卖合同无法履行的，则甲方无需向乙方支付经纪服务费用。如果甲方已支付的，则乙方应在收到甲方书面退还要求之日起10个工作日内将经纪服务费用退还甲方。

（四）其他：____。

乙方收到经纪服务费用后，应向甲方开具正式发票。

第七条 资料提供和退还

甲方应向乙方提供完成本合同第三条约定的经纪服务内容所需要的相关有效身份证明、不动产权属证书等资料，乙方应向甲方开具规范的收件清单，对甲方提供的资料应妥善保管并负保密义务，除法律法规另有规定外，不得提供给其他任何第三方。乙方完成经纪服务内容后，除归档留存的复印件外，其余的资料应及时退还甲方。

第八条 违约责任

（一）乙方违约责任

1. 乙方在为甲方提供经纪服务过程中应勤勉尽责，维护甲方的合法权益，如果有隐瞒、虚构信息或与他人恶意串通等损害甲方利益的，甲方有权单方解除本合同，乙方应退还甲方已支付的相关款项。如果由此给甲方造成损失的，乙方应承担赔偿责任。

2. 乙方应对经纪活动中知悉的甲方个人隐私和商业秘密予以保密，如果有不当泄露甲方个人隐私或商业秘密的，甲方有权单方解除本合同。如果由此给甲方造成损失的，乙方应承担赔偿责任。

3. 乙方遗失甲方提供的资料原件，给甲方造成损失的，乙方应依法给予甲方经济补偿。

4. 其他：____。

（二）甲方违约责任

1. 甲方故意隐瞒影响房屋交易的重大事项，或提供虚假的房屋状况和相关资料，乙方有权单方解除本合同。如果由此给乙方造成损失的，甲方应承担赔偿责任。

2. 甲方自行与乙方引见的意向购买人签订房屋买卖合同的，应按照【本合同第六条约定的经纪服务费用标准】【____________】向乙方支付经纪服务费用。

3. 甲方放弃自己出售及委托其他机构出售房屋的权利，在本合同约定的经纪服务期限内自行或通过其他机构与第三人签订房屋买卖合同的，应按照【本合同第六条约定的经纪服务费用标准】【____________】向乙方支付经纪服务费用。

4. 其他：____。

（三）逾期支付责任

甲方与乙方之间有付款义务而延迟履行的，应按照逾期天数乘以应付款项的万分之五计算违约金支付给对方，但违约金数额最高不超过应付款总额。

第九条　合同变更和解除

变更本合同条款的，经甲乙双方协商一致，可达成补充协议。补充协议为本合同的组成部分，与本合同具有同等效力，如果有冲突，以补充协议为准。

甲乙双方应严格履行本合同，经甲乙双方协商一致，可签署书面协议解除本合同。如果任何一方单方解除本合同，应书面通知对方。因解除本合同给对方造成损失的，除不可归责于己方的事由和本合同另有约定外，应赔偿对方损失。

第十条　争议处理

因履行本合同发生争议，甲乙双方协商解决。协商不成的，可由当地房地产经纪行业组织调解。不接受调解或调解不成的，【提交________仲裁委员会仲裁】【依法向房屋所在地人民法院起诉】【________________________________】。

第十一条　合同生效

本合同一式____份，其中甲方____份、乙方____份，具有同等效力。

本合同自甲乙双方签订之日起生效。

甲方（签章）：____________________　　甲方代理人（签章）：_____________

乙方（签章）：____________________

房地产经纪人/协理（签名）：______________　　证书编号：______________

房地产经纪人/协理（签名）：______________　　证书编号：______________

联系电话：__________________

签订日期：______年____月____日

附　件

1. 房屋所有权人及其代理人（有代理人的）的有效身份证明复印件。

2. 房屋的不动产权证书或房屋所有权证或其他房屋来源证明复印件。

3. 房屋所有权人出具的合法的授权委托书（代理人办理房屋出售事宜的）。

4. 公司章程、公司的权力机构审议同意出售房屋的合法书面文件（房屋属于有限责任公司、股份有限公司所有的）。

5. 房屋共有权人同意出售房屋的书面证明（房屋属于共有的）。

6. 房屋承租人放弃房屋优先购买权的书面声明、房屋租赁合同（房屋已出租的）。

附录 8

杭州市房屋转让合同

（示范文本）

2013 年

杭州市住房保障和房产管理局
杭州市工商行政管理局
印制

特别提示

为保护房屋转让当事人的合法权益，在签订本合同之前，请认真仔细阅读以下注意事项，逐条理解房屋交易中的权利义务。

一、本合同是杭州市住房保障和房产管理局、杭州市工商行政管理局根据《中华人民共和国民法典》和《房地产经纪管理办法》共同制定的示范文本。买卖双方经协商一致，可以对合同条款进行补充，但补充的内容应当符合法律、法规。

二、买卖双方如实向对方提供真实有效的身份证明和房屋权属证明等有关证明文件。卖方提供房屋权属证明、抵押查封状态、租赁事项、户籍等真实有效信息；买方提供身份证明等交易资料。

根据《婚姻法》的有关规定，夫妻在婚姻关系存续期间取得的财产，一般为夫妻共同财产，但双方特别约定归属一方所有的除外。房屋所有权证载明的所有权人出售前，应与其配偶协商一致，出售后配偶再提出异议的，由房屋所有权证明载明的所有权人承担法律责任。

如需将房屋所有权登记在夫妻双方名下的，请务必在签订买卖合同时，将夫妻双方的姓名均作为买卖合同中的“买方”。

三、凡委托房地产经纪机构代理的，需签订房地产经纪服务合同。房地产经纪机构依法向买卖双方说明经纪服务合同和房屋转让合同的相关内容，查看委托出售房屋及房屋权属证书和身份证明，编制房屋状况说明书，向买方出示房屋状况说明书，并书面告知是否与委托房屋有利害关系等交易事项。

四、凡委托房地产经纪机构代理的，本合同内的房款采用“委托银行监管支付”方式。买卖双方、房地产经纪机构和银行共同签订房屋转让交易房款监督支付协议，协议中明确交易房款存取、转移条件及程序。

五、本合同文本【　】中选择内容、空格部位填写及其他需要删除或添加的内容，买卖双方应当协商确认。【　】中选择内容，以划√方式选定；空格中内容，买卖双方根据实际情况做出约定，不作约定时，应当在空格部位划×方式表示，以示删除。相关条款后留有空白行，供买卖双方自行约定或补充约定。

六、本合同生效后，未被修改的文本印刷文字及空格部位填写的有效文字与符号均视为买卖双方合意的内容。合同附件及补充协议经买卖双方共同签订后与合同正文具有同等法律效力。

七、本合同适用于单位或个人存量房转让。

八、本合同条款由杭州市住房保障和房产管理局与杭州市工商行政管理局负责解释。

杭州市房屋转让合同（示范文本）

本合同双方当事人：

卖方（以下简称甲方）：____

【本人】【法定代表人】姓名：____

【身份证】【军官证】【外籍护照】【营业执照】【护照】【港澳台证件】【组织机构代码证】：____

地址：____

邮政编码：____________________联系电话：____________________

委托代理人：____

地址：____

邮政编码：____________________联系电话：____________________

买方（以下简称乙方）：________________________________

（如果有多个买受人，请用“,”分隔。）

【本人】【法定代表人】姓名：________________________________

【身份证】【军官证】【外籍护照】【营业执照】【护照】【港澳台证件】【组织机构代码证】：____

地址：____

邮政编码：____________________联系电话：____________________

委托代理人：____

地址：____

邮政编码：____________________联系电话：____________________

房地产经纪机构：____________________联系电话：____________________

房地产经纪人：__________ 执业证号：__________ 联系电话：__________

根据《中华人民共和国民法典》《中华人民共和国城市房地产管理法》及其他有关法律、法规的规定，甲、乙双方在平等、自愿、诚实信用原则的基础上，就房屋买卖事项达成如下协议：

第一条 房屋基本情况

1. 甲方房屋（以下简称该房屋）坐落于杭州市【上城区】【拱墅区】【西湖区】【滨江区】【萧山区】【余杭区】【临平区】【钱塘区】【富阳区】【临安区】__________，房屋结构为______________，建筑面积____________平方米，房屋用途为________，所有权证号为__________（共有权证号为____________）。（以房屋权属证书为准）

2. 该房屋丘地号为______________。土地使用权取得方式为【出让】【划拨】__________，土地使用权年限自____年__月__日至____年__月__日止。（以土地使用权证为准）

3. 该房屋的抵押情况【无】【有】，抵押权人为______________，抵押登记日期为__________，他项权利证号为__________。【1】甲方应当在签署本合同前取得抵押权人同意出售的书面证明；【2】甲方于________前办理抵押注销手续。

4. 该房屋的租赁情况【无】【有】，月租金人民币大写__亿__仟__佰__拾__万__仟__佰

__拾__元__角__分（小写：________元），租期自________年____月____日至________年____月____日。甲方应当根据相关法律规定履行通知承租人的义务，甲乙双方经协商一致按下述第____种方式处置租赁合同（只能选择其中一种）：

（1）该房屋权属转移后，原租赁合同在有效期内对乙方仍然有效。甲方须于 ____________________前协助乙方与承租人签订新的租赁合同，同时甲方须将承租方已交甲方的【租赁押金】【预交租金】转交给乙方，乙方自______ 时起享有甲方在原租赁合同中的权利义务。

（2）甲方须于______________ 前解除原租赁合同和腾空房屋。乙方对因原租赁合同产生的纠纷不承担责任。

5. 该房屋附属设施设备、装饰装修、相关物品清单等具体情况（见附件1）。

第二条　房屋转让价格

1. 该套房屋转让总价为人民币__亿__仟__佰__拾__万__仟__佰__拾__元__角__分（小写：________元）。

2. 上述房屋转让价格【是】【否】包括装修价款。装修价款为人民币__亿__仟__佰__拾__万__仟__佰__拾__元__角__分（小写：________元）。

（说明：本款仅指装修价款。选择房屋转让价格包括装修价款的，必须填写装修价款；如选择房屋转让价格不包括装修价款的，装修价款可以不填写。）

3. 该房屋转让交易发生的各项税费由甲、乙双方按照有关规定承担。

第三条　付款方式

委托银行监管支付：（委托房地产经纪机构代理的，必须委托银行监管支付）

甲乙双方同意委托【×××】银行账号对房产交易资金进行监管支付。

双方约定按以下第____________【1】一次性付款【2】分期付款【3】贷款付款（①公积金＋商业贷款、②商业贷款、③公积金贷款）【4】其他方式，支付房款。

1. 一次性付款：

本合同签订之日起__________天内，乙方一次性支付房款人民币__亿__仟__佰__拾__万__仟__佰__拾__元__角__分（小写：____元）至甲乙双方约定的银行第三方监管账户。

2. 分期付款：

本合同签订之日起________天内，乙方支付房款首期人民币__亿__仟__佰__拾__万__仟__佰__拾__元__角__分（小写：________元）至甲乙双方约定的银行第三方监管账户；乙方须于________________ 前支付余款人民币__亿__仟__佰__拾__万__仟__佰__拾__元__角__分（小写：________元）至甲乙双方约定的银行第三方监管账户：______________ 。

3. 贷款付款：

（1）乙方须于__________________ 前支付首期款人民币__亿__仟__佰__拾__万__仟__佰__拾__元__角__分（小写：________元）至甲乙双方约定的银行第三方监管账户。

（2）余款乙方申请银行贷款，须于__________________ 前向银行等有关部门提交抵押贷款申请的相关资料，办理贷款审批手续，抵押贷款金额以银行发放贷款金额为准。

（3）银行贷款人民币__亿__仟__佰__拾__万__仟__佰__拾__元__角__分（小写：____元）发放至甲乙双方约定的银行第三方监管账户；甲乙双方同意在本合同签订时从转让总价款中预留人民币__亿__仟__佰__拾__万__仟__佰__拾__元__角__分（小写：________

元）作为交房保证金，此款在甲方实际交付房屋及完成房屋权属转移登记时进行结算。

（4）乙方贷款数额不足以支付房款余额，双方约定如下：

____

上述款项甲方依据房款监管协议取得相应房款。

____

4. 其他方式：

____

第四条 交房方式：

甲乙双方约定采用下列第__项方式交房：

（1）自本合同签订之日起________天内，甲方将房屋交付给乙方。

（2）其他方式。

____

查验内容：房屋腾空情况，房屋及装修、设备等情况，户口迁出情况，已发生的水、电、煤气、物业管理、租金等各项费用的付讫凭证，房屋钥匙。查验后双方签订《房屋交接单》（见附件 2），甲方将房屋交付给乙方。

第五条 乙方逾期付款的违约责任

乙方未按本合同第三条约定的时间付款，甲方有权按累计应付款向乙方追究违约利息，自本合同规定的应付款最后期限之第二天起至实际付款之日止，月利息按__________计算。逾期付款超过______天，甲方有权按下述第____种约定追究乙方的违约责任：

（1）乙方向甲方支付违约金共计______元整，合同期限继续履行。若乙方在________天内仍未履行合同，遵照下述第（2）条处理。

（2）乙方向甲方支付违约金共计______元整，合同终止，乙方将房屋退还给甲方。甲方实际经济损失与违约金不符时，实际经济损失与违约金的差额部分由乙方据实赔偿。

（3）____

第六条 甲方逾期交房的违约责任

除不可抗拒的因素外，甲方未按本合同第四条约定的时间交房的，乙方有权按累计已付款向甲方追究违约利息，自本合同规定的最后交付期限之第二天起至实际交付之日止，月利息按______________计算。逾期交付超过______天，乙方有权按下述第____种约定追究甲方的违约责任：

（1）甲方向乙方支付违约金共计______元整，合同继续限期履行。若甲方在______天内仍未继续履行合同，遵照下述第（2）条处理。

（2）甲方向乙方支付违约金共计________元整，合同终止。乙方实际经济损失与甲方支付的违约金不符时，实际经济损失与违约金的差额部分由甲方据实赔偿。

（3）____

第七条 关于产权登记的约定

（1）甲乙双方同意______前双方向房屋登记机构申请办理房屋权属转移登记手续。

（2）如因甲方的原因，乙方未能取得房屋权属证书，乙方有权退房。乙方退房的，甲方应当自退房通知送达之日起____天内退还乙方全部已付款，并按照________利率付给利息；乙方不愿退房的，____________________。

第八条　其他约定事项

1. 该房屋【有】【无】物业管理服务。

物业管理服务费用由甲方向物业管理企业结算至________________止，之后的物业管理服务费用由乙方承担。

（说明：如选择有物业管理服务的，必须明确物业管理服务费用结算的截止日期）

2. 甲方应当在________________前向房屋所在地的户籍管理机关办理完成原有户口迁出手续。如甲方未按期迁出的，应当向乙方支付______________元的违约金；逾期超过_______日未迁出的，自期限届满之次日起，甲方应当按日计算向乙方支付全部已付款万分之____的违约金。

3. 具体交房条件见附件1。

4. ____

____

____

第九条　本合同空格部分填写的文字与印刷文字具有同等效力。本合同中未规定的事项，均遵照中华人民共和国有关法律、法规和政策执行。

第十条　甲、乙方或双方为境外组织或个人的，本合同应经该房屋所在地公证机关公证。

第十一条　凡因本合同发生的或与本合同有关的一切争议，由双方当事人协商解决，协商不成的，双方当事人一致同意提交杭州市仲裁委员会按照其仲裁规则进行仲裁；但双方当事人特别约定下列解决方式中第_____种方式解决争议的除外：

1. 提交________________仲裁委员会仲裁；

2. 依法向人民法院起诉。

第十二条　本合同自__________________之日起生效。

1. 甲、乙双方签字。

2. 经____________________公证。

第十三条　本合同一式_______份，双方各执一份，________________各执一份。各方所执合同均具有同等效力。

甲方（签章）　　　　　　　　　　　　乙方（签章）

甲方代理人　　　　　　　　　　　　　乙方代理人

（签章）　　　　　　　　　　　　　　（签章）

甲方共有权人（或上级主管部门）意见（签章）

签订日期：_____年___月___日

签订地点：__________________

附件 1

房屋附属设施设备、装饰装修、相关物品清单等具体情况

（一）房屋附属设施设备：

1. 供水：____

2. 供电：____

3. 供燃气：【天燃气】【煤气】：________________________

4. 空调：【中央空调】【自装柜机________台】【自装挂机________台】：__________

5. 电视馈线：【无线】【数字】：________________________

6. 电话：____

7. 互联网接入方式：【拨号】【宽带】【ADSL】：________________

8. 其他：____

（二）房屋家具、电器、用品情况：

____

（三）装修装饰情况：

____

（四）关于该房屋附属设施设备、装饰装修等具体约定：

____

甲方（签章） 乙方（签章）

甲方代理人 乙方代理人

（签章） （签章）

甲方共有权人（或上级主管部门）意见（签章）

签订日期：______年____月____日

签订地点：____________________

附件2

房屋交接单

甲方：______________乙方：____________于____年____月____日，就坐落于______ ___________________________房屋履行交接手续完毕。

甲方（签章）　　　　　　　　　　乙方（签章）

甲方代理人　　　　　　　　　　　乙方代理人

（签章）　　　　　　　　　　　　（签章）

签订日期：______年____月____日

签订地点：____________________

附录 9

个人贷款客户面谈面签记录

时间：________年____月____日　　　　　地点：________________________

借款人：____________________　　　　　联系电话：____________________

感谢您对××银行的信赖，现根据××银行个人贷款的有关规定，请您答复以下问题，并保证内容的真实性。

1. 您申请的个人贷款是　□公职消费贷款　□抵押贷款　□担保贷款　□联保贷款　□个体工商户定向贷款

2. 您本次的贷款的用途为______________________________________。

3. 您申请贷款用途及申请个人贷款的情况必须属实，否则，您个人可能承担相应的法律责任。对此，你是否了解？　□是　□否

4. 您与我行签订的合同生效后，符合受托支付条件的，您将授权贷款人将贷款直接划入指定的账户。对此，您是否清楚？　□是　□否

5. 您作为借款人，应当有足够的偿还贷款本息能力，并按合同规定按期归还银行贷款。对此，您是否清楚？　□是　□否

6. 贷款发放后，您应当依照合同约定的还款方式归还贷款本息，并在每期还款日前到我行营业部柜面进行还款，以保持良好的还款信用记录。如您不能按时归还贷款本息，贷款人则要求您承担以下责任：

(1) 未按约定时间还款，将按国家规定对逾期贷款计收罚息；

(2) 对未按约定支付的利息，计收复利；

(3) 如您违约 3 个月，贷款人有权宣告合同提前到期，并要求提前偿还全部贷款本息，或依法律规定拍卖、处置抵押物，或依法扣划你户工资。

对此，您是否了解？　□是　□否

7. 您可以要求提前还款，但需注意以下问题：

(1) 应于计划提前还款日期 1 周书面通知贷款人；

(2) 如提前归还贷款本金，利率档次不变，对提前还款部分按实际占用时间结算利息。

对此，您是否了解？　□是　□否

如果您办理的是抵押贷款，请阅读并回答第 8～13 项：

8. 您在申请办理抵押贷款时，所抵押的房产是否已对外出租？　□是　□否

以上回答是，请回答：您的房屋已出租，在我行办理抵押贷款时，您需要告知承租人并承诺承租人已放弃优先购买权，同意请选择是。

□是　□否

9. 您在申请办理抵押贷款时，您是否拥有除抵押房产外的第二套房产？

□是　□否

10. 您申请办理抵押担保贷款的，对即将签订的合同项下有关评估、登记、公证、保险等费用，按有关规定将全部由您承担。合同生效后，应按照合同中抵押条款规定，将抵押物的全部财产权利抵押给贷款银行，抵押担保的范围包括：借款合同项下的贷款本金、利息（含违约贷款复利、罚息）及实现债权的费用。

对此，您是否了解？　□是　□否

11. 您以所购房屋或其他物产办理抵押，应当依照法律规定到所在地的登记管理部门办理抵押登记，并将抵押物的他项权利证书交付贷款银行。在贷款全部清偿后，才能办理抵押注销登记手续。

对此，您是否了解？　□是　□否

12. 抵押期间，您应对占有抵押物合理使用，委托保管，如抵押物抵押期间内造成价值减少，您应在贷款人要求的期限内提供与减少的价值相当的担保。如不能提供担保，贷款公司可视抵押物受损程度，并按照合同条款约定，有权就处分抵押物所得价款优先受偿。

对此，您是否了解？　□是　□否

13. 我行依据合同约定或按照法院裁决处置抵押物时，您将被要求撤离已用于抵押的房屋或其他抵押物。

对此，您是否了解？　□是　□否

如果您办理的是担保贷款（含联保贷款），请阅读并回答第14项：

14. 您如选择保证人，则保证人应对以下事项承担连带责任：

（1）归还借款合同项下的贷款本息（含罚息）；

（2）支付合同发生纠纷引起的诉讼费用；

（3）实现债权的其他费用。您的保证人是否也清楚并承诺承担上述责任？

对此，您是否了解？　□是　□否

15. 您的贷款如出现违约，我行有权将违约情况载入××银行个人征信系统或其他违约客户查询系统，可能会影响您获得新的贷款和其他授信业务。您是否清楚？□是　□否

16. 您是否已对办理个人贷款所享有的权利和承担的义务有了明确了解？□是　□否

17. 您对与我行签订的相关申请、承诺、授权、合同是否都已经充分阅读并没有任何异议？　□是　□否

18. 我行建议您在变更手机号码和联系方式时及时联系我行经办人员并办理变更手续，以便我行对还款进行及时提醒，避免贷款产生逾期影响您的信用记录。

19. 您是否还有其他要说明的问题？____

____

20. 您所提供的资料是否真实？　□是　□否

21. 以上谈话内容是否真实？　□是　□否

感谢您的合作！

申请人签字：　　　　　　　　　　调查人签字：

附录 10

二手房交易资金监管服务协议

甲方（卖方）：________________________________

乙方（买方）：________________________________

丙方（监管方）：______________________________

为保证二手房交易资金安全，丙方受甲乙双方委托提供二手房交易资金监管服务。甲、乙、丙三方共同友好协商，就办理二手房交易资金监管事项达成如下协议：

第一条 甲、乙双方买卖的房屋位于________________________________，建筑面积：________平方米，产权证号：_________________________，交易价款为人民币（大写）：________________。

第二条 本协议所示资金监管期限从乙方第一笔监管房款存入丙方指定银行账号之日起至____房地产交易中心完成该房地产转移登记，甲方收到全额监管房款、乙方收到房地产权证之日止。

第三条 甲、乙双方委托丙方监管购房款为

（1）一次性全额付清（2）全额分期付清（3）首付款加贷款（4）部分款：____元。

第四条 根据甲、乙双方相关协议，乙方自本协议签订之日起________________日内分________次，将监管房款存入丙方指定银行中国××银行________市______________支行账号________________，具体付款方式、金额、期限如下：

________年________月________日前/后____日第一次向丙方指定银行账号存入房款人民币（大写）________________；

________年________月________日前/后____日第二次向丙方指定银行账号存入房款人民币（大写）________________；

________年________月________日前/后____日第三次向丙方指定银行账号存入房款人民币（大写）________________。

第五条 付款方式经三方协商，按下列第________款处理，甲乙双方所签订《房屋转让合同》之付款方式以本协议约定为准。

（一）丙方应在乙方全额监管房款划入丙方指定银行账号，且丙方收到《________市________房地产交易中心收件收据》所示受理日期后第________日（如有退件，受理日期应从交易中心收到补件之日起计算），通知甲、乙双方同时到场，至丙方处领取甲方全额监管房款及乙方产权证。（如遇双休日及法定假日顺延）

（二）甲、乙双方约定，上述监管房款中的部分款项作为交房尾款，具体金额为人民币（大写）________________。

甲、乙双方办妥物业交接手续出具书面意见后，同时到场，至丙方处领取。

（三）甲、乙双方自办贷款，则本协议所示放款日期自乙方全额监管款项到账后第________日（以银行到账凭证所示日期为准）由监管方通知甲、乙双方同时到场，至丙方

处领取甲方全额监管房款及乙方产权证。

第六条 甲、乙双方确认：丙方按本协议约定书面通知甲、乙双方后，甲、乙双方应于收到通知十日内同时到场至丙方处领取监管房款及乙方产权证；如逾期不领，丙方再以书面方式通知甲、乙双方，通知发出七个工作日内，甲、乙双方无法同时至丙方处同时领取，丙方视作甲方或一方自动放弃权利，可向甲方或乙方单方发放监管房款或产权证。

第七条 在办理房地产转移登记过程中，经房地产登记机关审核，因不符合产权登记条件而导致不能办理转让交易过户登记，不予登记书一经作出，丙方通知甲、乙双方，并于不予登记书作出________日内向乙方退还已收房款，本协议自然终止，已收监管费用不予退回。

第八条 若甲乙双方于正式签订《房屋转让合同》前签订本协议，但因故终止该房地产交易，或由甲、乙双方所签《房屋转让合同》引起的纠纷造成交易登记终止，本协议自然终止，已收监管费用不予退回。

第九条 丙方实行房款监管后，不能对抗司法机关、行政机关依法对该房地产的查封或以其他形式的限制房地产权利的裁定、决定。如发生丙方所监管房款被司法机关、行政机关因非为丙方原因而依法冻结造成丙方不能将监管房款交付甲方或乙方，本协议自然终止，已收监管费用不予退回。

第十条 丙方对房款的监管不意味着对乙方付款义务承担保证责任；丙方对房地产交易的合法性、可行性以及其他与房地产买卖合同有关的任何问题均不承担任何责任。甲、乙双方在履行房地产买卖合同过程中发生与本协议无关的任何争议均应由双方自行协商或通过法律途径解决。若因甲、乙双方原因导致监管方未能及时完成本协议委托事项，则按甲乙双方签订的《房屋转让合同》的约定负相关违约责任，本协议自然终止，已收监管费用不予退回。

第十一条 因甲、乙双方不按本协议中规定的程序办理而造成的后果，由违约方承担责任，本协议自然终止，已收监管费用不予退回。

第十二条 监管费用为____元，由甲方支付____元，乙方支付____元。

第十三条 甲、乙双方如委托丙方办理贷款、产证等其他事宜，具体见附页（略）。

第十四条

1. ____

2. ____

第十五条 本协议经三方签字、盖章后并由乙方按协议约定将监管房款存入丙方指定银行账号之日起生效。未尽事宜三方另行协商解决，本协议一式三份，三方各执一份。

本协议在甲方收到全额监管房款、乙方收到房地产权证后，自行失效。

甲方/法定代表（签字）：____________	乙方/法定代表（签字）：____________
代理人（签字）：____________	代理人（签字）：____________
证件号：____________	证件号：____________
联系方式：____________	联系方式：____________
联系地址：____________	联系地址：____________
日期：____________	日期：____________

丙方（盖章）：____________________

代理人（签字）：__________________

证件号：_________________________

联系方式：________________________

联系地址：________________________

日期：____________________________

鉴证方（盖章）：________房地产交易中心

联系地址：____________________________

附录 11

物业交割清单

尊敬的顾客您好！请认真核实下述表单中的相关信息（包括：费用是否结清、相关设施是否完好、家具家电是否与合同约定一致等）

交易方式	□买卖　□租赁			填表日期	年　月　日	
物业地址						
各项费用及设施	项目	现读数	是否结清	备注	设施是否完好	备注
	供水		□是　□否		□是　□否	
	供电		□是　□否		□是　□否	
	供气		□是　□否		□是　□否	
	供暖		□是　□否		□是　□否	
	电话费		□是　□否		□是　□否	
	物业费		□是　□否		□是　□否	
	网费		□是　□否		□是　□否	
	车位费		□是　□否		□是　□否	
	其他					
家具家电情况	项目名称		数量	与合同约定是否一致	备注	
				□是　□否		
				□是　□否		
				□是　□否		
				□是　□否		
				□是　□否		
				□是　□否		
				□是　□否		
				□是　□否		
				□是　□否		
				□是　□否		
其他交接事项（门禁卡、房屋钥匙、燃气卡、电表卡及表箱、报箱钥匙等）						
户口问题确认	是否有户口：□是　□否　　迁出约定日期： 其他：					
出售（租）方确认：			购买（承租）方确认：		经纪人（店经理）确认：	

参 考 文 献

[1] 中国房地产估价师与房地产经纪人学会．房地产经纪业务操作[M].4版．北京：中国建筑工业出版社，中国城市出版社，2023.

[2] 中国房地产估价师与房地产经纪人学会．房地产经纪职业导论[M].4版．北京：中国建筑工业出版社，中国城市出版社，2023.

[3] 中国房地产估价师与房地产经纪人学会．房地产交易制度政策[M].4版．北京：中国建筑工业出版社，中国城市出版社，2023.

[4] 中国房地产估价师与房地产经纪人学会．房地产经纪专业基础[M].4版．北京：中国建筑工业出版社，中国城市出版社，2023.

[5] 贝壳找房教育中心．新居住数字化经纪服务(中级技能)[M]. 北京：中国建筑工业出版社，2021.

[6] 贝壳找房教育中心．新居住数字化经纪服务(初级技能)[M]. 北京：中国建筑工业出版社，2021.

[7] 贝壳找房教育中心．新居住数字化经纪服务(基础知识)[M]. 北京：中国建筑工业出版社，2021.

[8] 中国房地产估价师与房地产经纪人学会．房地产估价原理与方法(2022)[M]. 北京：中国建筑工业出版社，中国城市出版社，2022.

[9] 中国房地产估价师与房地产经纪人学会．房地产估价基础与实务　上篇：房地产估价专业基础(2022)[M]. 北京：中国建筑工业出版社，中国城市出版社，2022.

[10] 中国房地产估价师与房地产经纪人学会．房地产估价基础与实务　下篇：房地产估价操作实务(2022)[M]. 北京：中国建筑工业出版社，中国城市出版社，2022.

[11] 傅玳．房地产估价方法与操作实务[M]．武汉：华中科技大学出版社，2023.